回应

培养孩子
积极的行为习惯

王普华————

著

中国水利水电出版社
www.waterpub.com.cn
·北京·

内 容 提 要

本书从回应孩子这个角度展开，指出了正确回应孩子在亲子关系乃至塑造孩子人生观念中的重要意义，并通过案例对各种回应方式进行了具体的分析，使父母能够清晰地认识到回应对孩子产生的影响，进而对自己的回应方式进行反思。本书对于改善亲子沟通方式、建立正确的亲子互动关系有积极意义。

图书在版编目（ＣＩＰ）数据

回应：培养孩子积极的行为习惯 / 王普华著． --
北京：中国水利水电出版社，2020.7
ISBN 978-7-5170-8626-0

Ⅰ. ①回… Ⅱ. ①王… Ⅲ. ①儿童－习惯性－能力培养 Ⅳ. ①B844.1

中国版本图书馆CIP数据核字(2020)第103206号

书　　　名	回应：培养孩子积极的行为习惯 HUIYING: PEIYANG HAIZI JIJI DE XINGWEI XIGUAN
作　　　者	王普华　著
出 版 发 行	中国水利水电出版社 （北京市海淀区玉渊潭南路1号D座　100038） 网址：www.waterpub.com.cn E-mail：sales@waterpub.com.cn 电话：（010）68367658（营销中心）
经　　　售	北京科水图书销售中心（零售） 电话：（010）88383994、63202643、68545874 全国各地新华书店和相关出版物销售网点
排　　　版	北京水利万物传媒有限公司
印　　　刷	朗翔印刷（天津）有限公司
规　　　格	170mm×240mm　16开本　16.5印张　180千字
版　　　次	2020年7月第1版　2020年7月第1次印刷
定　　　价	59.80元

前　言

我多年研究家庭教育，深度了解和咨询过无数的家庭和孩子，逐渐练出一种能力，只要我与一对父母交谈一会儿，就能大体推测出他们养育的孩子可能有什么样的价值观和个性特点。同样，和一个孩子——不管是幼儿阶段的孩子，还是中小学生——交流一会儿，我也能大体判断出他父母的性格特点、价值观和教养孩子的观念。

因为孩子都是家长培养的，从小到大，父母的生活习惯、性格特点、价值观、待人接物的方式等，都在与孩子每天的各种互动中不断地影响着孩子，也在潜移默化地塑造着孩子。比如，我国传统的家庭伦理和教育观念特别强调父母的权威，要求孩子要尊重父母，倾向于认为乖巧听话才是好孩子，只有这种类型的孩子才会受到大家的肯定和表扬。这种教育观念培养出来的孩子，就会显得听话、顺从、遵守规则，但是这些孩子思维比较受局限，自主性和创新能力不足。

随着社会的发展，近十几年来，我国家庭教育观念开始强调要尊重孩子、接纳孩子。曾经有一段时间，"接纳"一词频繁地出现在各种家庭教育文章中，大有言必称"接纳"，否则就不符合时代潮流的势头。特别是"无条件接纳"的说法风靡时，有的家长说："好吧，我接纳孩子，接纳孩子有娱乐的需求、学习成绩不好、不想写作业，接纳孩子的懒惰……"结果导致很多孩子被溺爱，培养出一批好吃懒做的孩子。他们不能吃苦，不想做事，不想承担责任，不愿意承受一点挫折和委屈，凡事以自己的感受和快乐为原则。很多人采用"无条件接纳"，把孩子惯坏了，于是，又开始严格要求孩子。很多文章又开始讨论规则和承担责任的问题。或者，有的家长在孩子小的时候，对孩子充分尊重和百般接纳，长大之后发现孩子养了一身的毛病，又开始严格要求孩子。这些家长一直在溺爱和严格之间摇摆，不知道怎样把握教育的分寸。

我经常思考，到底要接纳孩子什么？怎么接纳？只知道"接纳"这个词风靡后，家长们就全凭自己的理解去操作，很容易做错。应该深入研究接纳的内涵，给出接纳的操作性定义，才能确保家长正确地接纳孩子。经过多年的研究，我发现家长是通过每天都在进行的亲子互动中的回应和要求来实现对孩子的塑造与培养的。如果把家长对孩子的回应分为精神层面和行为层面，就能让接纳的问题一下子清晰起来。家长对孩子精神回应的原则应该是无条件接纳，体现在对孩子人格的尊重，对孩子的感受、情绪和想法等方面的理解和接纳；而行为回应则要看孩子的行为是否符合社会规则和道德的要求而区别对待。

本书对家长教养习惯也进行了深入地分析，提出了改变家长不良教养习惯的步骤和方法，并配有小程序，引导家长每日自我反思，帮助家长摆脱旧教育习惯，建立新教育习惯。

回应与要求的原理，不仅适用于亲子关系，也适用于家庭和职场中各种冲突的解决，在缓解夫妻关系、同事关系和上下级关系时，都能很好地借鉴。

由于时间仓促、写作水平有限，书中难免存在各种问题，敬请勘误，乞多交流。

王普华

2020 年 3 月 16 日于泉城济南

目 录 CONTENTS

Part 3
第三章
观念接纳

Part 1

第一章

回应的意义

无回应之地即绝境。

——弗洛伊德

回应就是光。缺乏情感回应，人就像处于绝境中。
每个孩子都需要被聆听和回应，只有这样，他们的创造力、
生命力才能得以激发，然后在人生的旅途中越走越顺。

回应是养育的必经之路

王莉是一位职场妈妈。在职场中,她凭借不断努力和全心投入,工作做得有声有色,屡屡晋升,年纪轻轻就成为公司的中层管理者。可是一回到家,面对自己的孩子小葡萄,王莉却很头疼。小葡萄既古灵精怪又任性、调皮、不听管教。什么事都得顺着她,稍不如意,她就大发脾气。明明有很多芭比娃娃了,可是小葡萄见了芭比娃娃依旧拔不动腿,只要不买就躺在地上撒泼打滚,哭闹不止。小葡萄虽然在家很活跃,可一到外面就害羞了,让她跟叔叔阿姨打招呼,她吓得躲在妈妈身后。最让王莉不解的是,小葡萄明明参加了很多兴趣班,可要她当众展示,却什么也做不出来。

在职场中如鱼得水的王莉,为什么面对孩子却一筹莫展呢?

有人说,养育一个孩子是世界上最难的工作。生孩子要付出体力,养孩子要付出精力,教育孩子要付出智力,而且,这份工作还不能辞职和退休。

其实,许多父母面对孩子束手无策、一筹莫展,最重要的一个原因是:

社会中很多工作都需要经过培训才能上岗，可父母这个"职业"没有培训，随着孩子的出生，我们就自然成了父母。

当然，什么时候开始学习都不晚。

只要肯下功夫，了解孩子各种行为背后的原因，以及孩子偏差行为的形成机制，我们会发现，破解孩子行为密码的钥匙其实就掌握在父母的手中。

互动＝回应＋要求

心理学家将亲子互动分为回应与要求两个方面。

孩子在很小的时候，就有"指挥"父母为他们服务的本领。他会用哭来表示有些地方不对劲了，他也会用满足的微笑来表达：我现在状况良好，我很开心。无论是哭还是笑，都是孩子在表达自己的要求。父母针对这些要求做出的回应，又决定了孩子下一步的反应。就像打网球，你发出一个球，我打回去，你再接住球打回来。你来我往，互动就产生了。

确实，在家庭当中，回应与要求就是父母与孩子交流的日常。有的时候是父母要求，孩子回应。有的时候是孩子要求，父母回应。

将回应与要求的方法一一拆解，父母就可以学习如何在生活当中与孩子互动，遇到问题可以根据情况灵活变通，自己思考应对的方法，这就等于掌握了一些球技、战法，在与孩子的教育实战中，也就不会手足无措、胡乱出招了。

父母回应孩子的方式有很多种。如果你是下图中这位孩子的妈妈，面对孩子"想要个奥特曼"的要求，会以哪种方式回应孩子呢？

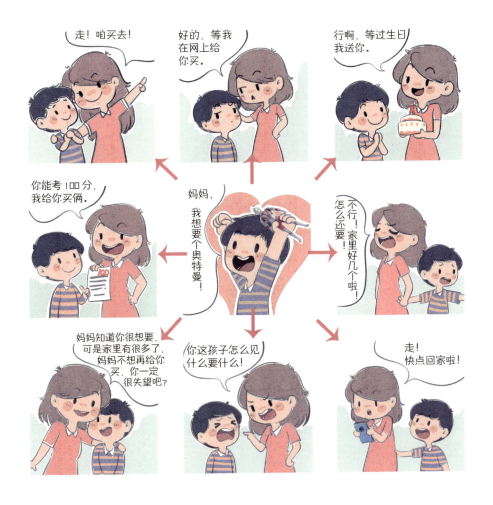

通过这组图我们发现，父母对孩子的回应有很多种形式：语言、表情、动作，甚至没有任何反应都算是一种回应。最后一张图中，妈妈没有正面回应孩子的要求，而是催着孩子回家。无论她是真没听见还是故意忽略，这都算是一种回应。

不同的回应会给孩子带来不同的感受。比如孩子因为摆不好积木而哭时……

上面四种回应方式传递给孩子的信息是不一样的，会让孩子产生截然不同的自我评价，我们必须站在孩子的角度来体会。

水滴石穿，如果父母在日常生活中总给孩子同一类型的回应，孩子就会形成"观念"，这将促使孩子做出不同的行为，甚至影响孩子一生，所以父母的一言一行必须谨慎。

许多人抱怨，现在的孩子太难管。其实，不是孩子太难管，而是家长不懂回应与要求的方法，才让自己一步一步陷入僵局。父母提出一个要求，孩子不听，孩子发出一个要求，父母满足不了，亲子关系只会越来越糟。就像没有经过训练的将军和士兵上前线打仗，不焦头烂额才怪。回应与要求是养育孩子的两条必经之路，因此，要想更好地养育孩子，必须学习如何回应和要求。

第一种回应方式
给孩子传递的信息

1. 你的哭没有任何价值。
2. 你应该自己做好，你现在没有做好，是你自己不动脑子。'
3. 你是个不动脑子的孩子。
4. 你可能还有点笨。

孩子的心理感受
和自我评价

1. 更大的受挫感。
2. 我为自己的行为感到羞愧。
3. 我不好，我很笨。
4. 我不是一个优秀的孩子。

第二种回应方式
给孩子传递的信息

1. 你做不好没关系。
2. 我会随时替你做，遇到困难不需要自己解决，找我就行了。
3. 你不需要为自己的事情承担责任，我会替你承担。

孩子的心理感受
和自我评价

1. 做不好就算了。
2. 大人会随时帮助我，我一哭大人就会来。
3. 遇到困难找大人帮忙就行了。
4. 我不需要承担责任。

第三种回应方式
给孩子传递的信息

1. 那确实很难，我理解你的烦恼。
2. 不是你笨，是那个积木摆放任务确实太难了。
3. 你一直努力做事，我对你努力做事的态度表示赞赏。
4. 我不会对你的困难袖手旁观，我会帮助你。
5. 我们一块儿研究，你肯定能找到办法。

孩子的心理感受
和自我评价

1. 我是个好孩子，因为我做事很努力。
2. 遇到困难，我可以请教爸爸，我不需要害怕。
3. 爸爸会和我一块儿研究，研究和解决问题是很快乐的事情。
4. 我一定能想出办法解决这个难题。

第四种回应方式
给孩子传递的信息

1. 你的事对我不重要。
2. 那是你的事，跟我没关系。
3. 你吵到我了，让我心烦，我的感受才是重要的。
4. 做不好的事，可以放弃。

孩子的心理感受
和自我评价

1. 我不重要，没有人会来关心我。
2. 没有人会来帮助我，我很无助。
3. 我是不受欢迎的，我自己的感受是不重要的。
4. 做不好就算了，可以半途而废。

我们借用数学中坐标轴的方法来呈现这两个方面。横轴是回应，竖轴是要求，图示如下：

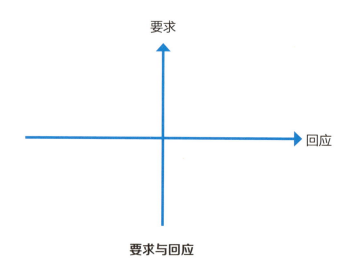

要求与回应

我们先来看竖轴。竖轴是要求，代表父母对孩子的要求和期望。期望有高有低，要求有多有少。父母期望高，对孩子的要求就会多一些，期望低，要求就会少一些。竖轴的箭头是向上的，从下向上，表示父母对孩子的期望由低到高，要求由少到多。

期望低的父母，对孩子的要求也少，"差不多就行了""孩子不愿意做就算了，别逼他""别给孩子太大压力，快乐最重要"，这样的父母在生活中总是倾向于不愿意为难孩子，很少会要求孩子什么。有的父母对孩子的期望和要求就非常高，比如我。我在儿子小的时候经常说的一句话是："我的孩子怎么可以这样？"言外之意就是，我的孩子应该做得好才对。在各个方面，我都对孩子有明确的要求，孩子也会全力以赴去努力。

日常生活中，我们会发现每个家庭的要求和期望确实不一样。

孩子同样的行为，在这个家庭中父母可能觉得无所谓，而在另一个家庭中，可能就是被禁止的。比如，孩子说话无理点儿，做事拖拉点儿，或考试只考了60分，在要求低的家庭，父母可能觉得没什么，差不多就行了，但对于要求高的家长来说，这是不可接受的。说话无理怎么可以，马上叫过来督促纠正。当然，不同的家长在不同方面的要求也不一样。

横轴是回应，即父母对孩子接受的程度以及对孩子要求的满足程度。箭头是从左到右的，从左到右，表示父母对孩子的接受程度由低到高，对孩子的要求的满足由少到多，由慢到快。比如孩子一摔倒，父母立刻就跑了过去，"哎呦，宝宝摔痛了吧？"孩子说："妈妈，我想吃冰糕。"妈妈立即说："买买买。"这就是回应得快。有一位家长说得很形象："孩子的哭声就是我们的冲锋号。"孩子一哭，夫妻俩马上跑过去，久而久之，孩子就知道了：我想让你们来的时候，就哭，不来就使劲哭。所以家长的回应方式，会塑造孩子的性格和行为特点。

回应与要求决定教养类型

回应的横轴与要求的竖轴相互交叉，划分出了四个象限，代表四种不同的家庭教养类型。

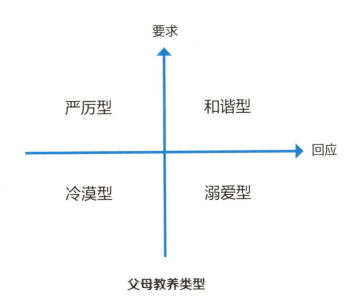

父母教养类型

和谐型

和谐型的父母，会在一定规则框架下给孩子自由选择的权利。父母对孩子期望高，要求比较恰当，同时，父母能积极回应孩子的要求，亲子关系比较和谐，孩子也愿意配合父母的要求，全力以赴地去达到既定的目标。

这样的父母不仅关注孩子的成绩，也非常在乎孩子的态度和道德行为表现。

这样环境下成长起来的孩子，有着清晰的目标，知道自己想要什么，愿意为了目标而全力以赴，同时，在遇到困难时也能接纳自己、接纳现实，并尽快调整好自己的情绪，从解决问题的角度采取相应的措施。

严厉型

严厉型的父母对孩子期望高、要求多，但是对孩子的回应比较少。

这类父母通常对自己的生活经验非常自信，相信自己什么都知道，认为自己做的都是对的。他们很多时候不相信孩子，也不尊重孩子，因而对孩子的回应比较少，但是对孩子的期望高、要求多而且严格，要求孩子必须按父母的要求去做。

这类父母培养出来的孩子比较听话，但容易缺乏主见和自信，创新能力差，尽管可能比较优秀，但是不快乐。

冷漠型

冷漠型的父母对孩子不管不问，对孩子没什么期望和要求，对孩子的要求回应得也比较少。总之，家长在孩子的成长过程中疏于管教。相比之下，这是最坏的一种教养类型，但可怕的是，许多父母正在朝着这种类型发展。一类是留守儿童的父母，为了给孩子更好的物质条件，他们将孩子交给老人，而老人除了让孩子吃饱穿暖外，不懂得心灵沟通，更不知如何管教；另一类是将孩子交给手机和电视的父母，他们晚上回家后的有限时间本来应该对孩子进行高质量的陪伴，但有的父母可能因为工作压力比较大，自顾不暇，疏于对孩子的管教，缺乏与孩子之间的沟通。为了避免孩子吵闹，就让他们看动画片或者玩游戏，浪费了许多宝贵的亲子互动时光。

这样养育的孩子长大后自控力差，缺乏自信，创造力低，竞争力弱，过得不快乐。

溺爱型

溺爱型的父母，回应得特别快，特别多，而对孩子期望低，要求少，甚至只要孩子高兴就行，凡事对孩子没有明确的要求。孩子要什么家长就给什么，孩子想干什么就干什么。家里所有人都围着孩子转。

偏溺爱型的家庭比较多，特别是爷爷奶奶等隔代带养孩子的家庭，一般都属于溺爱型。家长对孩子回应比较高，凡事以孩子为中心，倾向于满足孩子的所有要求，希望孩子快乐、不遭受挫折。但对孩子的要求却比较低，凡事只要孩子不愿意做或做不到，就算了。

这种教育类型下成长起来的孩子有非常强的权利意识，常常喜欢通过发脾气来控制或支配别人，想要就得给，哭了就得管，不理他不行。但缺乏责任感，一遇到困难就容易推卸责任，责怪别人或找客观原因，也很少考虑别人，完全以自我为中心。这种孩子得到的满足太快，没有经过努力和付出，所以意志力差、自控力差，比较容易情绪化，而且喜欢通过挑战权威和标新立异获取价值感。

不同的教养类型，培养不同状态的孩子

不同的教养类型，会培养出不同表现状态的孩子。下面，我们将不同教养类型中父母的具体表现及孩子的可能状态做个总结。

父母教养类型的具体表现及孩子的状态

类型	父母的表现	孩子的状态
和谐型	（1）在对孩子保持高期望的同时，还能积极回应孩子。 （2）他们不仅关心孩子的成绩，也在乎孩子的态度和道德行为表现。 （3）他们即便工作忙，也会拥有与孩子健康、亲密的关系。 （4）当他们看到"挣扎的孩子"时，能够理解挣扎的困难，他们会肯定孩子的努力，并对他最终战胜困难的能力表示有信心。	（1）因为孩子自己经历过挣扎和努力，所以能体验到生活中的酸甜苦辣，感情深沉真挚。 （2）随着年龄的增长，他们的能力会越来越强。 （3）他的人生会更加快乐、更易获得成功。
严厉型	（1）对孩子有很高的期望，但甚少关心孩子的需求或愿望。 （2）父母认为他们什么都知道，所以孩子的想法不重要。 （3）他们认为孩子生来就应该具备某种能力，如果孩子达不到他们设定的标准，无论孩子做得多好，都不会满意。 （4）当他们看到"挣扎的孩子"时，会斥责孩子没用。	（1）有些孩子听话而比较努力，也可能取得成就。 （2）有些孩子则会在绝望中反抗，与父母进行权利争斗。 （3）孩子缺乏快乐感，社会能力和自信心很低，创新能力差。
冷漠型	（1）他们忙于自己的生活，很少照料和教导孩子，忽略孩子的成长和发展。 （2）他们很少陪伴孩子，即使在家也不理会孩子。 （3）当他们看到"挣扎的孩子"时，他们几乎没有注意到就匆匆走过，奔向自己的工作。	（1）缺乏自控力。 （2）低自尊。 （3）与同伴相比没有竞争力。 （4）不自信。 （5）不快乐。
溺爱型	（1）对孩子有很高的回应能力，但要求少。 （2）慈祥而有爱心，希望保护自己的孩子，但并未为他们未来考虑。 （3）为了让孩子快乐，给孩子过多的权力，结果被孩子不合理的要求折磨得筋疲力尽。 （4）当他们看到"挣扎的孩子"时，会想方设法帮助其减少挣扎，尽量让生活变得更容易。	（1）孩子有权利意识（"我想要的就要给我"）。 （2）缺乏责任感，一旦遇到麻烦容易责怪别人，不愿承担责任。 （3）极少考虑他人，缺乏同理心。 （4）由于并未通过自己的努力获得成功，他们的自信心很低。 （5）不快乐。 （6）缺乏自我管理能力。 （7）他们喜欢挑战权威，在学校里表现比较糟糕。

发现了吗？家庭教养类型对孩子的成长具有决定性作用，而决定家庭教养类型的正是"回应与要求"这两个轴。因此，学会正确地回应孩子，给予孩子合理的要求，培育父母健康、和谐的家庭教养类型对孩子的成长至关重要。

重点回顾

♥ 回应与要求是亲子互动的两种方式，也是养育孩子的必经之路。回应，即父母对孩子和蔼接受的程度及对孩子要求的满足程度。要求，代表父母对孩子的要求和期望。

♥ 回应与要求的不同决定父母的教养类型，教育类型可分为四种：和谐型、严厉型、冷漠型、溺爱型。

和谐型的父母，对孩子期望高，要求比较恰当，也能积极回应孩子的要求。

严厉型的父母，对孩子期望高、要求多，但回应比较少。

冷漠型的父母，对孩子没什么期望和要求，要求回应得也比较少。

溺爱型的父母，对孩子回应得既快又多，但期望低，要求少。

♥ 不同的教养类型，会培养出不同表现状态的孩子。

感悟思考

♥ 了解了四种教养类型后，你觉得自己的父母属于哪种教养类型呢？你自己作为父母，又属于哪种教养类型呢？

我想，大部分人都觉得自己还不错，对孩子既有宠爱又有要求，应该可以归属为和谐型。从内心角度来说，没有人不深爱自己的孩子，希望自己的家庭教育类型是比较理想的和谐型，但从行为表现来看，却未必能真正做到，所以孩子也因此呈现不同的状态。经常对孩子大声呵斥甚至打骂的父母觉得自己是出于爱，对孩子的生活和情绪状态不管不问的父母也觉得自己为孩子拼尽了全力。

孩子怎么做，源于父母的回应

　　佳佳是一个5岁的女孩。佳佳的父母都是独生子女，不会做饭，结婚之后一直跟着爷爷奶奶住。爷爷奶奶勤劳又疼爱孩子，包揽了全部家务。佳佳出生后，爷爷奶奶陪伴孩子的时间最多，晚上也是跟着奶奶睡觉。奶奶对佳佳百依百顺，佳佳在家里想干什么就干什么，想玩什么就玩什么。佳佳清楚地知道在家里自己的权力有多大，她的语言表达能力很强，经常支配奶奶给她做这做那，还要求奶奶按她的要求陪她玩玩具。比如，当和奶奶一块读书时，佳佳总是要求读这本或那本，奶奶说："好，听你的，都听你的。谁让你是我们家的小宝贝呢！我们家只有你一个孩子，当然要听你的了。"奶奶总是利用各种机会强调佳佳的独特地位。

　　上幼儿园之后，问题来了，佳佳一点也不喜欢上幼儿园，说幼儿园没有一个好朋友，他们都不听她的。上中班了，还要求奶奶中午接她回家，下午不再去幼儿园，说在家里玩才开心。奶奶也依着她，还说："孩子还这么小，让她多享受几天快乐的日子吧。"

　　一天，佳佳的妈妈和几个朋友约好都带着孩子到一个度假山庄玩。妈妈们在房间里说话聊天，孩子们在外面的院子里玩。结果没一会儿，佳佳就哭着跑回来说："妈妈，他们都不和我玩儿。"好不容易引导她和小朋友们一起玩了，一会她又哼唧着跑回来说："妈妈，他们都不听我的。他们不和我玩。"之后，她再也不肯出去玩，一直在妈妈旁边哼唧，妈妈也没有办法和朋友们聊天，场面很尴尬。

　　案例中的佳佳总是希望别的小朋友听她的，造成她在人际交往方面遇到了许多困难，在幼儿园里很难交到朋友，外出游玩时和小伙伴也玩不到一起。我们很容易责怪孩子，她想让别人都听她的，怎么可能呢？但其实，孩子没有错，是家长的过度顺从导致孩子总是以自我为中心。孩子就像一张白纸，家长的回应方式错了，就像是在这张白纸上面胡乱涂鸦，孩子自然就会呈现各种问题。这一节，我们将抽丝剥茧，捋清父母的回应方式如何塑造了孩子的行为。

孩子的基本心理需求

　　孩子的每个行为都是有目的的。需求产生动机，行为就是为了满足自己的需求。

人类有着相同的基本需求，不仅有衣食住行的生理需求，还有共同的心理需求。儿童时期的基本心理需求有五种：安全感、新奇感、意志感、社会价值感和自我价值感。这些需求是由人类基因密码决定的，是孩子生命成长的基础。正是这些需求的驱使，孩子们才行动起来，做出各种各样的行为。

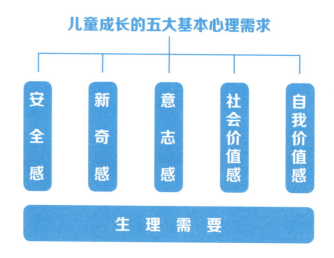

儿童成长的基本心理需求

既然基本的心理需求是相同的，为什么孩子的行为却千差万别呢？

先来看一个我亲身经历的小故事：

有一次，我开车出差，回来的路上，由于道路不熟，就打开了车载导航。导航中的地图很长时间没有更新了，它并不知道有一段道路正在施工。结果把我导入了一片建筑工地。我迷路了！区区100千米的路程，竟然开了3个多小时才到家。

为什么我会走错路呢？我的目的地没有错，我的驾驶技术也没有问题，而是地图出现了错误。如果把目的地比作儿童的基本需求，把开车比作儿童的行为，那么儿童出现不良行为，不是行为本身有问题，而是指导行为的大脑中的"地图"出了问题。

俗话说，条条大路通罗马。罗马（需求）只有一个，而不同的人会选择不同的道路，这是因为每个人大脑中都有一张地图，这张地图标出了他认为去罗马的最佳路线。当然，每个人大脑中的地图是不一样的，因为它是每个人通过自己的生活经验自己绘制出来的。

这个"行为地图"，就是哲学中经常说的"观念"，或者说是人的思维模式或思维习惯，是人类大脑中的"行为说明书"。儿童从小到大的过程中，通过与父母的互动，也在不断摸索形成自己的"行为地图"。

观念指明了"满足什么样的需求，应该采取什么样的行为"。比如获得社会价值感是人类的基本需求，如果孩子认为学习好可以获得表扬（社会价值感），他就会努力学习（行为）；如果他认为乖巧懂事可以获得表扬（社会价值感），他就会变得乖巧懂事（行为）；如果他认为说甜美的话更讨人喜欢，他就会让自己的小嘴变得很甜（行为）。所以，同样都是为了获得社会价值感，观念不同，行为就会千差万别。

"需求—观念—行为"模型

观念如何形成

观念不同，选择的行为就会不同。那么观念是如何形成的呢？它来自生活经验。经验分为直接经验和间接经验。

条件反射形成直接经验

大家都看过海豚表演，随着驯养员的哨声，海豚们会做出整齐划一的动作，时而翻腾，时而跳跃。这些海豚是怎样被训练出来的呢？仔细观察就会发现，每当海豚们做完一组动作，都会游到岸边，驯养员逐个拍拍它们的头，喂它们小鱼吃。驯养员通过训练，让海豚建立了这样的条件反射：指令一响就做动作，做了动作就有小鱼吃。

儿童观念的形成过程也像驯养员驯养海豚一样，这个原理在心理学上被称为"操作性条件反射"，是美国心理学家斯金纳通过一系列实验研究而得出的。

其实，孩子从小到大的行为习惯，多是家长在无意识中运用了"操作性条件反射"原理训练出来的。孩子有这样或那样的问题和不良行为，不能怨孩子，家长只能从自身找原因。

翰翰经常在早上肚子疼，去医院检查也没什么问题，妈妈怀疑是心理问题，便带着孩子来找我咨询。最后发现，孩子其实是不愿意去幼儿园。因为，有一天早上翰翰肚子疼，妈妈就没让他去上幼儿园。仅

仅是这一次，他就形成了这样的观念：肚子疼可以不去上幼儿园。于是，为了逃避上幼儿园，他就真的让自己肚子疼，而且疼得满头大汗。

间接经验强化观念

当然，一个人的直接经验十分有限，别人的间接经验也可以帮助孩子形成观念，生活中这样的例子也很常见。

在幼儿园里，王小帅因为帮助老师搬桌椅而受到了老师的表扬，然后有好几个孩子要帮助老师搬桌椅。后来王小帅又因为站到桌子上乱蹦乱跳受到了老师的批评，其他孩子也不敢站到桌子上乱蹦乱跳了。

心理学家班杜拉提出了替代性强化的概念来解释间接经验形成观念的过程。替代性强化指观察者看到榜样或他人的行为而受到强化，从而使自己也倾向于做出榜样的行为。直接强化（条件反射）与替代强化在日常生活中有时同时发挥作用。比如，孩子努力写完作业受到了老师的表扬，这是直接经验的强化，其他孩子写完作业也受到了老师的表扬，这是替代强化。两者叠加起来，写作业这个行为就受到了双重强化，孩子就会更努力地写作业。

父母的回应强化孩子的观念

孩子出现一些不可理喻的行为，其实不能怨孩子，而是这个行为得到了大人的"强化"被保留了下来。

一开始孩子可能是偶然地做出一些行为，因为得到大人的肯定和表扬而被强化，这些行为就被保留了下来。也就是说，大人的肯定和表扬就是孩子的强化物。如果强化物一直存在，行为就会一直被保留，在孩子的大脑中形成比较顽固的观念，而且这种观念会一直指导着孩子的行为，进而形成习惯，难以改变。

回到前面翰翰肚子疼逃避上幼儿园的例子。其中的强化物就是妈妈的回应——肚子疼不用上幼儿园了。毕竟，孩子去不去幼儿园，还是要听父母的。如果在翰翰肚子疼时妈妈给他吃点儿药，继续让他上学，翰翰谎称肚子疼的行为就会慢慢消退。

日常生活中，当孩子做出某种行为或提出某种要求时，不同的家长会采取不同的回应方式，这就形成了孩子不同的观念，进而形成了不同的行为习惯和性格特点。

很多孩子的不良行为，就是这样被家长无意识地运用操作性条件反射的原理训练出来的，和驯养员训练海豚一样，区别在于驯养员训练海豚的"强化物"是小鱼，而家长使用的"强化物"是家长对孩子的回应方式。

果果是一个3岁多的小女孩，家里有了小弟弟以后，她引人注目的"出格"行为越来越多。一会儿抱着玩具枪"哒哒哒"地打，一会儿拿拖把在客厅里到处乱甩，爸爸正在陪客人说话，这些行为当然要制止。有一天，她趁爸爸不注意，竟然蘸了辣酱在墙上乱抹起来。每一次爸爸都会马上过来生气地止制她。

果果为什么做出这些"出格"的行为呢？是因为爸爸的制止。

仔细分析就会发现，果果是在有了弟弟以后开始有这些行为的。果果的父母因为照顾弟弟而有点儿忽略她，果果非常渴望得到父母的爱和关注。她发现，只要她做出一些出格的行为，爸爸就会关注到她。为了得到爸爸的关注，满足她内心社会价值感的需求，她就会继续做出格的行为。

至此，你对父母如何影响孩子的行为、塑造孩子的观念有清晰的认识了吗？让我们一起来分析一下前面佳佳的案例吧。

5岁的佳佳，小脑袋中有这样一个错误观念：我非常重要，大家必须喜欢我，都得听我的。

佳佳产生错误观念的强化物是什么呢？是爷爷奶奶的回应。爷爷奶奶的顺从，以及语言的错误引导"你是我们家的小宝贝，我们都听你的"，让孩子形成了错误的观念：我很重要，所以都得听我的。

观念决定行为，走出家庭，佳佳依然要求别人都听她的。可是别的小朋友不愿意配合她，她的大脑就错乱了。为什么别的小朋友都不听我的呢？一定是他们都不喜欢我，不愿意和我玩。

孩子是家长的镜子，孩子身上出现的这样那样的问题，折射出家长在回应方式中存在的问题。为人父母，我们需要对自己的一言一行保持清醒的认知。尤其是养育孩子过程中的痛苦、焦虑、纠结，都是在提醒我们反思自己，是推动家长成长的礼物。

儿童成长的过程就是在日常生活中通过与环境的互动，不断地获得直接经验和间接经

验的过程，这些经验不断地进入孩子的大脑思维系统，形成孩子的观念，从而使孩子产生不同的行为模式。

　　从社会道德标准来看，这些经验有对的，也有错的。有的观念符合人际交往的规则，能够帮助孩子与其他小朋友友好相处，而有的观念与社会人际交往的规则不一致，可能导致孩子与其他小朋友交往时出现矛盾和冲突。对小孩子来说，大脑中固定的观念比较少，父母一定要抓住这个黄金时机，在每天的生活场景中，通过恰当的回应来帮助孩子建立正确的观念，形成良好的行为习惯，使孩子在未来的生活中更加顺利。

重点回顾

　　♥ 孩子不仅有生理需求，还有五大基本心理需求：安全感、新奇感、意志感、社会价值感和自我价值感。

　　♥ 人类有相同的基本需求，行为却千差万别，这是因为每个人的观念不同，即通过哪种行为可以获得基本需求的满足的认知不同。

　　♥ 观念来源于生活的经验，经验又分为直接经验和间接经验。直接经验通过操作性条件反射形成观念，间接经验通过替代性强化形成观念。

　　♥ 父母的回应是孩子观念形成的强化物。

　　♥ 父母要把握孩子小、观念未建立的黄金时期，通过正确的回应帮助孩子建立正确的观念，形成良好的行为习惯。

感悟思考

　　♥ 现在你明白父母的回应是怎样影响孩子了吗？和你的家人、朋友分享吧！

　　♥ 为了塑造孩子的健康观念，你今后应该如何对自己的回应言行保持警觉呢？

Part 2

第二章

回应的两个层面

苦似良药的严格和无限宽宏的理解都有利于孩子的成长。

——池田大作

在精神层面，父母要对孩子"多给予，少限制"，接纳孩子的感受和情绪；在行为层面，则要"少给予，多限制"，合理规范和约束孩子的行为。

家长在回应孩子时易犯的错误

案 例

米妈的疑惑

我有两个孩子：大米和小米。老公经常说我惯小米。比如，小米要吃雪糕，我怕太凉不同意，他一哭闹，我拗不过就买了，可能我真有些惯小米。这是因为大米小时候管得太严了，经常这不许那不许，让大米的性格有些内向。大米小的时候我带她去超市，她明明很想要一件东西，可小眼睛看看我似乎没有给买的意思，就算了。她大些了后，我鼓励她自己选想要的东西，可她很犹豫，总是问我该买什么样的。我想，这可能是因为小时候我对她管得太多了，导致她不敢自己做选择。于是，在对待小米时，我就有意宽松了些。小米坚持要的东西，我就给他买。现在看来似乎又不对，小米实在太任性了。到底哪里做错了，我也不知道。

孩子该"管"还是该"惯"？存在这样困惑的不只米妈。搞不清该如何做，在回应孩子时家长就会不知所措，并且会犯各种各样的错误。

错误的回应方式主要分为四种：溺爱型、严厉型、摇摆型和冷漠型。

溺爱型：满足孩子各种要求，而失去了行为的界限

溺爱型的家长满足孩子的一切要求，一切听孩子的，不懂得如何拒绝孩子。

溺爱型的家长有两种：

一种是斗不过孩子，不坚持原则、没有能量、没有影响力的家长。这类家长对孩子的要求一律满足，不限制孩子的行为，使孩子养成了自我中心、自私、懒惰、不负责任、不愿意努力和不愿意挑战的性格。很多父母不愿意拒绝孩子，是因为害怕自己的拒绝让孩子不舒服或内心感觉痛苦。他们理智上认识到孩子的要求是不合理的，但还是忍不住满足孩子的要求。因为他们实在不愿意看到孩子哭泣和伤心难过的样子。如果父母害怕孩子因为被拒绝而痛苦，这是没有能量、缺乏原则的表现，这不是真正的爱孩子，只能是害了孩子。

另一种是对"接纳"产生误解的家长。很多人都读过要"无条件接纳"孩子的文章，但很多家长没有真正理解和领悟"接纳"，运用到实践中就容易出现偏差，反而导致孩子出现各种各样的问题。有些家长以为，接纳孩子

就是顺从孩子，这是对接纳最大的误解。这样的接纳，其实是在溺爱孩子。我见过太多从小被家长按自己所理解的"接纳"养大的孩子，他们形成了任性、自我中心、好发脾气等问题。

其实，我们的社会对小孩子是比较宽容的，但凡小孩子不懂事、做出一些出格的行为，大人都会谅解。比如，在餐桌上不用餐具而伸手抓饭的孩子；因为自己喜欢吃某个菜，就端到自己面前独享的孩子；在餐厅里到处奔跑嬉戏的孩子等。但孩子的父母一定要有清醒的认识，其他人可以宽容孩子，父母必须借机培养孩子学习公共场所的礼仪，懂得约束和要求自己的孩子，培养孩子的教养和修养，不能放纵孩子自我中心地做事和不遵守公德。

俗话说，没有规矩，不成方圆。遵守社会规则是儿童社会化的重要内容，如果父母不在生活中引导孩子学会守规矩，孩子在家庭之外的生活中就会屡屡受挫。一个没有规矩的孩子，在伙伴中是不受欢迎的，在外人看来也是缺少教养的孩子。

所以，只强调"接纳"孩子而失去了行为的规则和界限，容易导致孩子出现各种行为问题。在日常生活中，家长不能过度顺从和满足孩子，使"接纳"变成对孩子的溺爱。帮孩子建立规则，是使孩子完成社会化，顺利融入社会的必经之路。

严厉型：拒绝或制止孩子行为的同时，不自觉地否定了孩子

严厉型的回应在传统的家庭教养方式中很常见。父母对孩子的要求满足得比较少，总是否定孩子。父母对孩子的管束比较多，这不许、那不许，如果做错了就要受到严厉的惩罚。对孩子行为限制、制止和拒绝的同时，也否定了孩子的感受和人格。

经常受到严厉型回应的孩子要么十分怕父母，要么十分逆反。

在日常生活中，受天生的好奇和探索心理的驱使，孩子会尝试做各种事情，进行各种尝试，提出各种要求。但孩子的尝试和要求不一定符合社会的规则，这时家长就要对孩子的行为进行制止。但是，家长往往把握不好这个度，由于多年形成的表达习惯，家长总是不自觉地在最亲近的人面前出语伤人。家长常常会在制止或限制孩子行为的同时，通过批评、指责、对比、反问、命令、抱怨等方式，给孩子贴上这样那样的标签，这会让孩子感觉自己整个人都被否定了。这会让孩子变得更加不配合。

日常生活中，我们对孩子说的否定言语很多，有些是我们很难认识到的。下表中总结了一些，相信其中一些表达方式很多父母都曾使用过吧。

家长对孩子否定的言语

言语	类别	对孩子的否定
"都和你说了多少遍了，现在必须上床睡觉。你怎么这么不听话！"	批评	是个不听话的孩子
"看你的玩具扔得到处都是。你为什么不把它们整理好！"	批评	是个乱扔玩具的孩子
"家里已经有那么多玩具了，你还要。就知道花钱。"	指责	是个就知道花钱的孩子

言语	类别	对孩子的否定
"已经说了不能买,还有什么好哭的。你怎么这么不懂事?"	指责	是个不懂事的孩子
"你看看隔壁的明明多有礼貌,你不能向他学学吗!"	对比	是个没礼貌的孩子
"你看你表妹学习多认真,成绩那么好。你看看你!"	对比	不如表妹
"你早就应该关掉电视机了,难道你不知道吗?"	反问	是个不守承诺的孩子
"怎么还不起床,难道你不知道你今天要上幼儿园吗?真是讨厌!"	反问	是个令人讨厌的孩子
"快点起床!"	命令	懒虫
"快点关掉电视机!你还想让我说几遍,真是烦死了!"	命令+抱怨	是个烦人的孩子
"怎么养了你这么个孩子,我真是倒霉透了!"	抱怨	养你,让我倒霉
"说了这么多遍你都不听,你能不能考虑考虑我的感受?"	抱怨	是个不体贴别人的孩子
"你想气死我吗?"	抱怨	是个气人的孩子
"你再哭,我就是不给你拿!哭吧。"	威胁	哭也不满足,可能是不爱了
"我就是不抱!自己走。"	怄气	不满足,可能是不爱了
"你可以做好它……如果你再快一点就好了。"	抱怨	你还不够快
"我看到你很努力……你一直这样努力就好了。"	抱怨	你以前不够努力

在我们惯常的亲子互动的语言表达系统中,此类表达司空见惯,会让听的人深受伤害。我们可以体察一下,如果自己被这样对待,会有怎样的感受呢?

换位思考,当大人这样做的时候,孩子的感受又是什么呢?

孩子一定会感觉:妈妈不喜欢我,我不够好,他还会担心妈妈不再爱自己了。再加上有的妈妈还会威胁孩子,"再也不理你""不要你了""我把你送人"……家长这些拒绝的态度会让孩子恐惧、焦虑、紧张，甚至惊慌失措，孩子是会当真的。任何对孩子行为的拒绝和否定，都等同于对孩子本人的否定，这样就会变成对孩子的一种伤害。

这些年来，我一直致力于家庭教育的研究，发现许多孩子出现的问题，大都归因于孩子内心的这种混乱。由于内心混乱而导致焦虑，情绪失控，进而导致内分泌失调、欲望提升、刺激阈值升高、专注力下降等问题，逐步形成一种恶性循环。而孩子的状态越差，哭闹越多，来自外人的评价就越低，孩子就会更加混乱。

其实，家长只是想告诉孩子"不可以那样做""我不同意你买那个玩具""不能再玩了，你现在得去睡觉"。家长只要平和地告诉孩子"不可以"，必要的时候说明原因就好了。但当家长说出"不可以"的时候，同时在语气、表情和表达方式上传递出粗暴和不友好的信息，就会让孩子感觉自己不好，让一直寻找父母接纳和认可的孩子有了不好的情感体验。

拒绝孩子的要求本身会给孩子带来痛苦，让孩子感觉不舒服，但是，如果家长拒绝孩子的方式比较友好，让孩子感觉成人的拒绝是出于善意，父母还是爱他的，只是出于某种客观原因（比如，因为妈妈有工作要做，所以不能陪他玩），为了他好才不让他做（比如，吃糖太多会对牙齿不好），会让孩子更容易接受。即便是因为客观的、不得已的原因不能得到满足，孩子内心会有些痛苦，也会因为有父母的接纳而深感安慰。

孩子不怕被拒绝和制止，他害怕被父母否定。家长拒绝的可能只是孩子的某种要求、制止的只是孩子的某种行为。但孩子害怕的是父母不再接纳他，不再爱他。很多时候，是家长拒绝的态度，让孩子开始哭闹发脾气，孩子不能接受的是家长的态度，而不是家长拒绝的行为。

摇摆型：在溺爱与严厉之间摇摆不定

漫画中的家长在买东西这件事情上一直在溺爱与严厉之间摇摆，一开始严厉地说不行，可是拗不过孩子，又答应了孩子的要求。许多父母都有这种情况。

还有一些家长是在更大的时间维度上摇摆不定。

比如，有些溺爱孩子的家长，随着孩子慢慢长大，孩子需要承担更多的责任，这时，父母感觉很难继续纵容孩子，希望孩子能独立，于是不再对孩子一味迁就，而这会让孩子感觉父母似乎变得冷漠和残忍了。为什么现在必须自己做某些事情，而不是像以前那样有家长的无私帮助和纵容呢？当他必须自己独立地完成某件事情时会犹豫不决，同时会对家长为什么不再满足他感到困惑。而家长对孩子的表现也会非常不满意，会逼着孩子去做他不愿意做的事。这时，孩子和家长之间就会发生激烈的冲突，父母会在严厉和溺爱之间来回摇摆。父母感觉孩子被惯得不行了，就对孩子管束、否定和打骂，看着孩子可怜的样子，父母又感觉很内疚，觉得自己不是好父母，于是继续对孩子溺爱。

烁烁是一个4岁的小男孩，从小妈妈很疼爱他，对孩子有求必应，所以形成了孩子什么都想说了算，稍不满意就哭闹的习惯。有一天，妈妈带烁烁到超市买东西。烁烁看到一辆汽车，让妈妈买。妈妈说："家里有很多汽车了，不能买了。"烁烁一听，坐在地上就哭起来。妈妈对他这一套很熟悉，一哭二闹三打滚，最后总是妈妈妥协。妈妈早就想改一改他这毛病了，于是，生气地说："哭吧哭吧，你就知道哭，哭我也不会给你买，我可不吃你这一套。我最讨厌好哭的孩子。"烁烁一听，哭得更厉害了。妈妈就那样恨恨地看着他，大有今天我非得治一治你的架势。可怜的烁烁哭得抽抽搭搭。妈妈看了看他，说："哭够了，走，回家吧。"说完，妈妈转身走了。烁烁就边哭边跟在妈妈后面跑。

　　案例中的烁烁是很可怜的，由于妈妈的溺爱，他任性、好哭闹，凡事只要一哭闹妈妈就会满足。后来，妈妈受够了这种被孩子要挟的模式，想改一改孩子的"毛病"是可以理解的，但是，妈妈选择了与孩子"硬磕"的方式，抱着"我就想治一治你"的态度，最终让孩子哭得一塌糊涂。其实，烁烁好哭闹本身也不是他的错，可以说是妈妈从小培养的。现在妈妈开始管教孩子，就要求孩子一下子改过来，这对烁烁是不公平的。

　　还有的父母曾经是严厉的父母，后来意识到对孩子管得太严了，于是又走向了另外一个极端，变得十分宠爱孩子，结果，孩子造次得厉害。本章前面例子中的米妈就属于这种类型。

冷漠型：无暇关注孩子

　　冷漠型的回应是对孩子的要求没有反应，不置一词，家长与孩子既没有情感的沟通，也没有行为的约束。上面漫画中的爸爸虽然嘴里说着"漂亮"，可眼睛并没有看孩子的画，没有和孩子有任何的情感交流，孩子也能感受到爸爸的敷衍，情绪变得很低落。

　　生活中，这种状况很常见。人们总是渴望获得更多：更多信息、更多物质、更多机会、更多活动……却没有意识到，很多时候我们以为是获得，其实是在过度消耗自己。我们的能量就在这些纷乱中不知不觉地流失了。家长在焦虑中用各种东西塞满自己的时间，忙着工作、忙着社交、忙着刷手机看新闻，每天都忙得身心俱疲，自然没有精力去关注孩子。

重点回顾

♥ 家长对孩子的错误回应方式主要分为四种：溺爱型、严厉型、摇摆型和冷漠型。

溺爱型的回应，以为"无条件接纳孩子，就是无条件顺从孩子"，只强调"接纳"孩子，失去了行为的规则和界限，容易导致孩子出现各种行为问题。

严厉型的回应在制止孩子行为的同时，给孩子扣上各种帽子，会让孩子觉得自己整个人被否定了。

摇摆型的回应是在溺爱型与严厉型之间摇摆，觉得宠爱过度开始变得严厉，或者觉得以前太严厉了，发现孩子不开心或开始变得不自信，转而变成溺爱。

冷漠型的回应是对孩子不管不问，既没有情感的沟通，也没有行为的约束。

感悟思考

♥ 作为父母，你常用的回应类型是哪种呢？或者，你今天对孩子所做的回应分别属于哪种呢？

回应可以分为精神和行为两个层面

　　开心妈妈乐于学习，并且带着批判思考的精神看待各种育儿理论，不迷信某个专家，这种精神值得嘉许。她的困惑正好道出了育儿的两大方向：接纳与限制。其实，它们并不冲突。如果把回应分成精神和行为两个层面，针对不同的层面给予不同的回应，一切就迎刃而解了。

精神与行为可以分离

　　家长出现错误的回应方式，说明家长没有深刻地理解自由与规则，走向哪个极端都不对。

回应

一方面，全面的"接纳"肯定不行，不能对孩子的一切都放任自流，要对孩子强调一定的规则，培养孩子的规则意识，进而使规则内化，让孩子形成自律，只有自律才能实现真正的自由。

另一方面，在维护规则的过程中，需要制止和限制孩子的一些行为。有些家长为了控制孩子，会采取威胁、恐吓甚至欺骗的方法，孩子的行为虽然被制止了，但伴随而来的是孩子对父母的爱产生了怀疑，对自己的人格产生了否定，不敢主张自己的权利。

几千年来的教育，似乎都在围绕着这两者打转。

我们传统的教育风格倡导的是克制和忍让，目的是为了孩子能懂得礼义廉耻，懂规矩，更好地融入社会，但是在某种程度上压抑了孩子的本性，不够尊重孩子的个人感受；而西方的教育更主张尊重孩子的权利和人格。许多被我国传统教育束缚的人很快接受了这种思潮，将传统全部抛弃，从而出现了许多以"接纳和自由"为名的溺爱，毁了不少孩子。

这两种教育方式各有所长，各自道出了某种教育的真谛，但是，若只取一方，有所偏废，孩子就会出问题。

如何将两者有机地结合在一起呢？

还记得第一章里我们讲到的家庭教养风格的象限图吗（见第9页）？满足过度是溺爱，要求过度是严厉，既有满足又有要求才是第一象限的和谐。可是对于孩子的某种要求，家长应该怎样回应呢？肯定是有些可以满足而有些不能满足，不能满足的时候，怎样做好接纳呢？

我也一直在思索这个问题，直到看到美国心理学家维克多·弗兰克尔提出的"人类终极自由"理论时才顿悟。

维克多·弗兰克尔曾经在二战期间被关进纳粹德国的犹太集中营，由于他发现了"人类终极的自由"，所以无论纳粹如何折磨他的身体，他都能保持积极乐观的心态，从而在集中营里活了下来，并移居美国，最终形成了自己的理论。

虽然纳粹能控制他的生存环境，摧残他的肉体，但他的自我意识是独立的，能够超越肉体的束缚，以旁观者的身份审视自己的遭遇。他可以决定外界刺激对自己的影响程度，或者说，在遭遇与对遭遇的回应之间，他有选择回应方式的自由和能力。

对于弗兰克尔的理论，我在健身时深有体会。在跑步机上运动30分钟，确实是一件相当枯燥的事情，如果是单纯地跑步，就需要动用意志力忍着，虽然完成时出一身汗的感觉很好，但中间过程毕竟痛苦。然而健身房安装了电视机，看着电视健身，好像30分钟一会儿就过去了，并没有什么痛苦的感觉。同样的30分钟，为什么感觉会不同呢？这就是弗兰克尔理论的原理，人类的精神感觉可以与身体和行为无关。前一种30分钟，行为是健身，而精神无聊；后一种30分钟，行为是健身，而精神是看电视的愉悦。

科学家还研究了一种奥运银牌现象：一位有金牌实力的运动员，由于发挥失误而获得银牌；和一位有铜牌实力的运动员，由于超常发挥而获得银牌，感觉是完全不一样的。同样都是获得银牌，两个人获得的精神收获完全不同。

在实践中，只要把对孩子的回应分解为精神回应和行为回应两个层面，家长在精神层面和行为层面分别给予孩子不同的回应方式，就可以非常容易地解决前面所述的教育问题。

精神和行为回应的总原则

一个人，作为人的生命价值是无穷的，不需要证明，也无须与他人比较。每个生命个体，都带着他自己的个性特点，来完成他自己的人生使命。

所以，对孩子精神回应的方式就是无条件接纳，让每个孩子感受到自己作为独立个体的价值和尊严；这种接纳与孩子漂亮与否、聪明与否、做事能力好坏，甚至是否犯错误等都无关，我们要尊重孩子这个人，与他的行为无关。而行为回应则要根据社会规则的要求，符合社会规则的行为就是被允许的，违反社会规则的行为就要受到限制。只有这样，才能维护社会的秩序和平衡。就像对待监狱里的犯人，我们要限制他们危害社会的行为，他们也必须为自己的犯罪行为接受惩罚，但我们仍然要尊重他的人格尊严。

美国心理学家海姆·吉诺特说："娇纵感受，限制行为。"这句话十分清晰地概括了如何在精神层面和行为层面给予孩子不同的对待。也就是，我接纳你想吃糖和没有得到糖而伤心哭泣，也接纳你非常生气想打别的小朋友，但是，还是不能给你糖吃，也不允许你真的去用暴力攻击别人。

精神层面回应的总原则是"多给予、少限制"。孩子作为一个独立的个体，必须得到尊重，所以，要在精神层面接纳孩子。比如，多给孩子心理营养，尽可能多地陪伴孩子、给孩子充足的爱、多给孩子安全感、多接纳孩子，与孩子建立亲密关系。安全感与价值感是孩子心理健康成长的基础，父母高质量的陪伴与接纳是孩子健康成长的保障。

"多给予、少限制"原则也适用于孩子思想、思维和语言、自信心的发展，父母要给孩子自信心，放飞孩子想象和思维的翅膀，鼓励孩子大胆的想象、积极地思考、敢于表达，而不是纠结于孩子的对错，想法是否可能实现等，这会极大地促进孩子创造性思维和想象能力的发展，扩大孩子的思维空间和心胸格局。

行为层面回应的总原则是"少给予、多限制"。毕竟一个人生活在社会中，需要遵守一定的行为规范，不能为所欲为。生活中，要注意培养孩子自己的事情自己做，家长尽量少地给予帮助，不要包办，也不要代替孩子做，而是给孩子机会让孩子自己做。在行为层面，父母首先要理解孩子的基本需求，在社会道德要求和法律的框架下，合理规范地约束孩子的行为，限制违反社会规则的行为，培养孩子文明的行为习惯，帮助孩子完成社会化发展的任务。

在不同的层面采取不同的回应方式，这样就可以避免家长在限制孩子行为的同时，让孩子感觉在精神上或人格上被家长否定了，也可以避免家长因为精神上要接纳孩子，而不对孩子的行为加以约束。

在多年的研究工作中，我们发现，溺爱型家长的回应方式往往在行为层面上满足孩子太多，他们在对孩子行为限制太少的同时，也很少限制孩子的思维。所以，溺爱型家庭成长起来的孩子想法大胆，有时也非常奇特，无拘无束，看起来不受条条框框的限制，想象力丰富。而严厉型家长回应方式凡事都有固定的标准，在对孩子的行为限制过多的同时，把孩子的思维也限制了。相比之下，严厉型家庭长大的孩子规则意识强，非常严谨自律、做事有条理，但思维不够开阔，做起事来也是束手束脚。那么，是不是说明溺爱型家庭长大的孩子就更有想象力、对社会更有贡献呢？答案是否定的。很多在父母的溺爱和包办的"优越"环境下长大的孩子，他们养尊处优，很少有机会面对现实生活中的困难，很少做家务，不知柴米油盐为何物。但他们充沛的精力也要有施展的空间和舞台，所以，他们喜欢虚幻，思维天马行空，却少有现实的生活根基。他们一般不会努力学习，没有积累创造性思维所需要的知识基础，他们甚至没有学习能力，不会严谨地思考问题，没有刻苦学习的准备，也没有学习的意志力和毅力，甚至没有必须学好的意愿和决心。所以，他们很少能给社会带来有实用价值的贡献。

严厉型家庭中长大的孩子因为更多地遵守外界规则去做事，很大程度上是为了满足别人的要求而比较刻苦努力，但缺乏兴趣和热情。

由此看来，在溺爱型家庭长大的孩子和在严厉型家庭长大的孩子都各有优势，也各有缺点，都不是我们要培养的理想的孩子。只有和谐型家庭培养的孩子，才既有刻苦、严谨地学习和积累自己的能力，又有创造性思维和自主开拓的勇气和毅力，是身心和谐、能为社会做出突出贡献的人。

那么，家长怎么把握好不专制也不溺爱孩子的界限，做一个和谐型的家长呢？我认为，家长在**精神和思维层面要"放"**，去给孩子尽可能大的自由空间，更多关爱，更多陪伴，更大的安全感，恰当地鼓励和呵护孩子的梦想，让孩子敢想敢说，给孩子更多的心理支持。尽管孩子的想法和梦想有时看似"渺小"而又"卑微"，但我们不能嫌弃孩子"没出息""不听话"，反而要巧妙地保护孩子的积极性，还要帮孩子建立脚踏实地的好习惯。而家长在**行为层面要"收"**，就是要在社会规则的框架下适当约束孩子的行为，要在满足孩子成长需求、在正确的人生观和价值观的基础上帮助孩子形成正确的行为习惯。或许，"给孩子自由"更多是精神和思想、思维层面，而行为层面只能是在社会规则和道德的框架下，才谈得上是真正的"自由"，这是家长必须把握好的原则，否则，孩子的成长路线就会走偏。

养育孩子就是这样，很考验父母对孩子成长规律的了解和把握，也很考验父母对孩子情绪、心理的呵护，否则一不小心挫伤了孩子的积极性和自信心，对今后的成长是很不利的。所以，父母要跟孩子一起不断学习、不断进步，这样才能做孩子最坚实的后盾、最安全的港湾，让孩子自由自在地去探索，实践自己一个又一个小小的梦想。

在行为层面，让孩子做好他应该做的事，遵守社会的基本规则要求，在

道德底线的框架下满足孩子做事的需要，那么，孩子就会成长为既有创造性思维和行为能力，又能够很好地自律、刻苦成长的人。这样的孩子才是优秀的孩子，不管从社会方面，还是从个人成长方面，他们都会收获一个完美的人生。

四种错误回应方式的转化

将回应分为精神层面和行为层面，不管孩子提出什么样的要求，在精神层面我们都要尊重和理解他，不仅不能因为他提的要求不合理或违反社会规则而指责、批评和否定他，还要以温柔的态度告诉他不可以，可以简单解释原因，确保孩子的行为符合社会规则和道德的要求。

和谐型的父母，对"接纳"有深刻的理解，知道回应孩子应该分为精神和行为两个不同层面，对于孩子的任何要求，都先从孩子的行为背后分析孩子的内在需求和行为动机，解码孩子行为的内在需求，是社会价值感需求，还是安全感需求等，在与孩子的互动中从精神层面对孩子进行回应，来满足孩子的内在需求。同时，告诉孩子，哪些行为是合适的，哪些行为是不合适的，给孩子树立正确的行为规范，帮助孩子适应和内化社会规则。

我儿子小的时候特别喜欢玩水，超级喜欢水龙头里的水哗啦哗啦在手指间流动的感觉。我没有阻止他，因为我知道这是孩子在探索。记得海伦·凯勒的老师莎莉文在教海伦的过程中，无论她说了多少遍水，小海伦还是不懂。当她把小海伦拉到水龙头边，让水流滑过她的手指，海伦一下子明白了什么叫作水。孩子对水都有着天然的喜爱。

但一直这样开着水龙头，得浪费多少水啊？

我告诉他，如果喜欢玩水，可以在水池里放个水盆，接下来的水可以洗菜浇花，或者我们可以去湖边玩。周末，我带着他去大明湖，尽情地玩了一天。下雨的时候，我也允许他穿着雨衣雨靴在雨中奔跑。

如果我在孩子探索的过程中粗暴地打断了他，就会破坏他成长的乐趣。安排合适的场景满足孩子的探索行为，既让孩子明白了什么是合适的行为，也保护了孩子的好奇心。

现在再回过头来分析前面我们介绍的四种错误的回应方式，就可以理出一些头绪，更加清晰地理解四种错误的回应方式到底错在哪里，如何转化成和谐型的回应方式。

溺爱型

溺爱型的父母能做到精神上给予孩子接纳。但有的父母错误地以为无条件接纳就要接纳孩子的全部，包括满足孩子的所有要求，在行为上也全部顺从孩子，这让孩子找不到行为的标准和界限，缺乏行为的规范，从而为所欲为。导致孩子就像身处白茫茫的雪地中，找不到行动的方向，到处乱冲乱撞，行为杂乱无章。这样的孩子内心往往缺乏安全感，行动起来也缺少目标和方向，无端地耗散了许多能量。所以，溺爱型的父母要注意在精神上接纳孩子的同时，也要在行为上引导孩子学会遵守社会规则，这就像给孩子指明了道路和方向，有利于孩子下一步的发展。

严厉型

严厉型的父母对孩子的行为管束较多，给孩子树立了清晰的日常行为规则和界限，这有利于孩子向着目标清晰地前进。但是这类父母大多只知道一味地要求孩子，对孩子缺乏情感的支持，在孩子做不到或遇到困难的时候，不能站在孩子的立场理解、帮助孩子，这会让孩子感觉孤单、缺少爱与温暖，从而感觉很无助，他们认为父母不接纳自己和不喜欢自己。严厉型的父母要注意在给孩子树立行为规范后，多关注孩子的状态，帮助孩子一起朝着行为规范的目标努力，成为与孩子一起并肩战斗的战友，而不仅仅是发号施令的将军。

摇摆型

摇摆型的父母对孩子的要求一会儿宽松，一会儿严格。当他们严格的时候，不仅在行为层面限制了孩子的无理行为，也因为他们不友好的态度和批评、指责的方式，在精神层面否定了孩子这个人，结果让孩子变得缺乏自信和不能接纳自己。然后，父母就充满内疚，于是又走向宽松，倾向于无条件接纳孩子，包括孩子的各种行为，直到把孩子惯出毛病来了，觉得这样不行，又会走向严格。就这样在两个极端摇摆不定。

如果父母看清回应的两个层面，并在这两个层面上给予不同的对待，精神宽松、行为上严格要求，父母就可以找到宽松与严格的平衡，不会走极端了。

冷漠型

冷漠型的父母眼里看不见孩子，对孩子既没有情感的沟通，也没有行为的约束。此类型的父母要么是自己没有长大，没有意识到自己作为父母的教育责任，要么是因为工作实在太忙，或者是工作中遇到了困难等，总之是专注于自己的事，无暇顾及孩子，显得对孩子比较冷漠，不愿意参与孩子的生活和成长。

这类父母需要合理地安排好自己的工作，认识并承担起自己的教育责任。

重点回顾

♥ 精神和行为是可以分离的，对孩子的回应方式也可以分为精神层面和行为层面。精神层面回应的总原则是"多给予、少限制"，行为回应的总原则是"少给予、多限制"。

♥ 错误的回应方式可以转化为和谐型的回应方式：溺爱型增加行为规范的约束；严厉型增加精神上的接纳；摇摆型深刻理解精神上的接纳与行为上的限制，做到宽容与严厉的平衡；冷漠型学会承担教育孩子的责任。

感悟思考

♥ 对照上一节记录的自己对孩子的回应方式，有哪些可以改进的地方呢？具体如何做呢？父母在做出调整后，孩子有什么改变呢？

回应的流程

案 例

　　我们家的两个孩子经常会因为争东西而吵架，有一次他们为抢一个轮船吵起来了。轮船本来是姐姐闻闻的，可弟弟声声想玩。我想着闻闻是姐姐，就让着弟弟给他玩玩呗。可闻闻不愿意，担心声声弄坏了轮船。我转过身来哄声声，拿出飞机转移他的注意力，可他根本不听，反而坐在地上没完没了地哭了起来。我没辙了。每次遇到这种情况，我就感觉特别无助。声声哭得实在让我心烦，我就责备闻闻一顿，强行把轮船要了过来塞给声声，声声这才止住哭声。可闻闻又生气了，跑回了自己的房间。我感觉自己很怕孩子哭，一哭我就心烦，可是，偏偏声声特别爱哭。真是愁人！

　　大部分家长回应孩子是凭着自己的本能、经验和当时的感受。上面案例中的妈妈做出一系列回应的核心观念主要有两个：姐姐要让着弟弟、不要让孩子哭。生活中许多妈妈都有自己的本能观念，尽管她自己也意识不到。当孩子出现某个行为，她就自然而然地做出了反应，根本不经过大脑的思考，这便是习惯的机制——"习惯成自然"。

凭着自身的本能、经验和感受做出的行为，许多时候是不理性的，甚至可能是错误的。就像这位妈妈的核心观念"姐姐要让着弟弟"就是不合理的：每个孩子都是平等的，都需要被尊重，不能因为姐姐大就要出让自己的利益，这对姐姐是不公平的。"不愿让孩子哭"似乎是每个妈妈的本能，但如果妈妈因为害怕孩子哭就满足孩子的要求，这会助长孩子通过哭闹达到自己目的的行为。

本能、经验和感受很多时候是不可靠的，那么，如果我们不依据这些做出回应，又该依据什么呢？

其实，科学地回应孩子是有流程的，我们需要在大脑中重新植入新的回应流程，让回应变得理性、科学。

精神层面的回应

精神回应的正确方式是接纳

精神层面的回应指的是在人与人交往和互动的过程中，交往一方对另一方的观念、需求、情绪和感受等进行分析和理解之后做出的理解、接纳等积极回应或否定、指责等消极回应的过程。

不同的回应会建立不同的关系。理解、接纳等回应方式可以使人与人之间建立良好的关系，而否定、指责等回应方式则会建立消极的关系。

也就是说，精神层面的回应是建立关系的过程。这就像是在一个人与另一个人之间架起了一座沟通的桥梁，如果精神层面回应得好，彼此都对对方敞开心扉，那么两个人之间就建立起了一种非常舒适、互相信任、彼此敞开的关系，两个人之间的桥梁宽阔又平坦，以后的沟通也会比较顺畅。

如果精神层面的回应做得不够好，就会让双方产生一种敌对、不信任、对抗等消极的情绪，就像桥梁不够宽或者塞满了各种障碍物，两个人以后的沟通也就可想而知了。

如何做好精神层面的回应呢？

我们都有过这样的体验，如果一个人能够理解、体贴我们的感受，愿意站在我们的立场上看待问题，我们就愿意对这个人敞开心扉，彼此的心灵就可以走得很近。

接纳的哲学基础是，人都是生而平等的，不管是大人还是孩子，都是独立的个体，有自己的自由意志和权利。任何一个人，都有权利有自己的想法、感受和在不影响他人的情况下按自己的意愿做事。任何一个人都没有权利要求和强迫另一个人必须怎样想，有怎样的感受，必须怎样做（除非他自己愿意）。

当然，这种权利是每个人都具有的，是对等的。也就是说，任何一个人，都没有权利在实现自我意志的同时，直接或间接地侵犯他人的权利或利益。比如，不能随便拿别人的东西；火车站买票时要排队；晚上大家都在休息时不能大声唱歌；开车上路时要遵守红绿灯的规则，不能横冲直撞等。这就是遵守社会规则。社会规则代表着所有人的利益，违反社会规则就意味着有可能侵犯他人的权利和利益。

既然是独立的人，就有独立的需要、人格和尊严，每个人的人格和尊严都需要被尊重，需要被礼貌地对待，任何人都没有权利对另一个人不尊重、不礼貌、大呼小叫，或者进行人身攻击等。

对孩子也一样。父母只被赋予约束孩子的行为，以使之符合社会规则的要求，完成孩子社会化发展的任务，但是父母没有权利去侵犯孩子的人格尊严，任何打骂孩子、侵犯孩子人格和尊严的事都是不被允许的。父母同样需要考虑孩子的感受，体察孩子的情绪，孩子作为一个生命个体的本体需求被理解和尊重。就像人犯了罪，可以承担法律的制裁，但他们依然享有人格权一样。

在我国的传统教育中，一直倾向于以成人为中心，尤其是对于婴幼儿，倾向于按成人的理解去要求和对待，对婴幼儿个体的尊重和接纳往往做得不好。

在精神层面，对婴幼儿缺乏友好的态度和生命成长规律的理解。这种不尊重主要表现在三个方面：一是在态度上，成人经常用粗暴的方式对待孩子，用不友好的声音和语气，甚至用恐吓的方式伤害孩子，让孩子产生恐惧感，侵犯孩子的尊严；二是在观念上，否定孩子的感受和情绪，不相信孩子自己的感觉；三是在生活中，不能很好地尊重个体生命成长的规律，不能给孩子提供更科学的成长环境和锻炼自己的机会。比如，成人按自己的意志包办孩子的生活，使孩子失去了在生活中学习和成长的机会，这也是一种对孩子生命个体的不尊重和不接纳。

接纳分两个层次：观念接纳和技术接纳

如何理解"接纳"这个词，如何正确地接纳孩子，家长在实践之后发现，其实并不容易，许多人对于"接纳"的讲解并不透彻，使许多家长并没有真正理解"接纳"，而运用到实践中就会有偏差。我在多年指导家长学习家庭教育的过程中发现，接纳不是简单地实践就可以做到的，它是父母修炼的过程，是家庭教育素养不断积累，由量变到质变，而后"顿悟"的过程。

家长在学习家庭教育知识初期，都不能很好地理解和参透"接纳"。随着知识的不断积累，特别是通过对比自己的案例和别人的案例，参照老师的讲解和分析，再对比自己的做法和效果，经过不断反思，突然有一天，好像一下子"通"了，之后就会变得非常顺畅。所以"接纳"不是一次动作和表情，也不是一种语言和态度，而是一个教育观念内化的过程，要把这种接受真正地内化到家长的心里去，而不是停留在表面上。

"接纳"最难做好的就是从"形式化"的接纳内化成"骨子里"的接纳的过程。但现在的许多育儿指导书和培训课程，大多侧重于接纳的技术与技巧，讲述如何把教育观念内化的却很少，把接纳的观念"内化"恰恰是家庭教育的重中之重。

一般来说，家长在教育孩子时犯的通病是：先在内心设置一个"理想小孩"，然后根据自己的经验为孩子设计一套发展之路，让孩子按自己设计的轨道成长，并且长成自己心目中理想小孩的样子。如果孩子不按自己的设想发展，就觉得孩子有问题，会想方设法地去改变孩子。

我去各地讲座，被家长问得最多的一个问题就是："孩子不听话，怎么办？"难道孩子只要听家长话，就能发展好了吗？听话，是家长对孩子提要求。我常常对跟我学习的家长这样比喻，家庭教育好比是一栋小楼，有一个地基和两层楼，一层就是各种接纳孩子的技术和技巧，为了以后叙述方便，我们把它定义为"技术接纳"；二层是让孩子听话，配合家长的要求。而地基才是真正教育观念级别的接纳，我们把它定义为"观念接纳"。但有些家长往往没有地基，一层也没盖好，就直奔二楼了，让孩子听话，配合自己，我给他们讲："你这是空中楼阁啊！"

有些家长学习了一些技术接纳，而没有观念接纳，就想盖二层楼，这样的基础并不牢固。我们来看一个小案例：

　　妈妈叫然然起床穿衣服，然然却要求听故事。妈妈答应了，并说好听故事不影响穿衣服。在然然听故事时妈妈又跟他说话，要求他穿衣服。然然很不愿意。妈妈认为听故事不影响穿衣服，而然然却认为听故事时说话会影响自己听故事，便哭闹起来。

　　案例中的孩子看上去有些不可理喻，孩子的妈妈在了解了技术接纳的一些方法后，依旧被孩子气得够呛，无法说服孩子听话，依旧陷入了与孩子的权力争斗当中。

　　通过这个案例，我们可以理解什么是观念接纳。妈妈认为孩子说好了听故事不能影响穿衣服，而现在孩子以影响他听故事为由，拒绝继续穿衣，是违反诺言，不守信用，感觉孩子不可理喻。实际上这是两个约定：妈妈的约定和孩子的约定。妈妈的约定是：听故事不能影响穿衣服；孩子的约定是：听故事的时候，别人不能说话。

　　妈妈不能理解孩子是因为孩子年龄小而逻辑思维没发育完全，没搞清复杂的逻辑关系。在孩子的心目中，他只有一个直线的逻辑关系：妈妈说话了，影响了他听故事。他的全部思维都集中在这一点上，就不再考虑其他复杂的逻辑关系了。这就是这个年龄段孩子的特点。妈妈如果知道这一点，就会在观念上理解和接纳孩子，也就会做到"观念接纳"。

　　如果妈妈不知道孩子的发育特点，会感觉孩子不遵守诺言而无理取闹，这是拿成年人的思维标准来要求孩子。如果妈妈恰好学习了接纳的技术和技巧，就知道不应该跟孩子发脾气，应该保持和颜悦色的态度，温柔地和孩子讲道理。但内心还是感觉孩子怎么这样子啊，怎么总是无理取闹。这就仅仅是"技术接纳"，而没有做到"观念接纳"。实际上是妈妈憋着自己的不接纳，而假装接纳。孩子的第六感觉很敏锐，可以感觉到妈妈并没有真正接纳自己。

接纳不仅仅是做出接纳的姿态，最重要的是从观念上真正接纳一个人，接纳对方是一个独立的个体。如果只有技术层面的接纳而缺乏观念层面的接纳，这样的接纳只是虚假的接纳，孩子一定能感觉到。

行为层面的回应

日常生活中，孩子有各种各样的行为，家长不应该"一刀切"，应该具体情况具体分析，对每一种行为的回应方式也是不一样的。

有的行为要给予鼓励，允许他反复、不断地去做；有些行为要进行制止；还有些行为，适当改变一下也可以允许。

为了让家长更容易理解和操作，我们把孩子的行为分为正在发生的行为和已经发生的行为。

其中，正在发生的行为分为四种类型：赞许型、替代型、限制型、制止型。

赞许型行为：顾名思义，就是父母嘉许、鼓励孩子拥有的行为。比如，爱学习、积极写作业、按时睡觉、早晚洗脸刷牙等。

替代型行为：就是这些行为的出发点是不错的，但是孩子的行为可能会有危险，或者可能给成人带来一些困扰和麻烦。比如，有的孩子喜欢翻垃圾桶，这是出于好奇心，但是这样不卫生，也会弄得满地都是垃圾，给家长添了不少麻烦，但是孩子的好奇心需要保护，那我们可以另外找个干净的垃圾桶，扔一些东西进去让孩子探索。

限制型行为：此类行为对孩子的益处不大，但孩子往往很喜欢，所以需要加以限制。比如看动画片、玩手机等，这会影响孩子的专注力发展，对孩子的视力也不好，但孩子们总是会被其吸引，难以自制，所以需要家长给予一定的限制，以帮助孩子律己。

制止型行为：就是此类行为一概不允许，必须及时制止，这些多是涉及孩子人身健康、危害他人的行为。比如把金属钥匙插进插座、玩火等。

而已经发生的行为可分为三种类型：赞赏型、谅解型和警告型。

赞赏型行为：和赞许型行为一样，是父母嘉许、鼓励孩子拥有的行为，大部分也都是对孩子成长有利的。只不过这些行为已经发生，而赞许型行为是正在发生的行为。比如，孩子主动完成了作业、帮爸爸妈妈做了家务、按时睡觉等。

谅解型行为：是指孩子因为身体能力或者知识经验不足，在尝试做事和探索的过程中产生的损坏或浪费东西的行为，以及良好习惯的不牢固而犯错误的行为。这类行为乍看让家长不能接受，因为它们往往会造成一定的破坏，但是，损失相对较小较轻，也可以接受。而且细细分析就会发现，孩子并不是故意的，是由于客观原因造成的，因此可以被谅解。比如，想要了解收音机的构造把收音机拆了、帮忙刷碗把碗打碎了、想喝牛奶把牛奶弄洒了等。

警告型行为：孩子在成长过程中做错事是正常的，大部分错误也都是可以谅解的，但是有些涉及底线的行为，家长需要予以警告，明确告诉孩子下次不可以再做。比如，打人、说谎、偷东西等。

回应流程图

至此，回应的两个层面我们都进行了简单的介绍，如此一来，回应的流程基本清晰了。

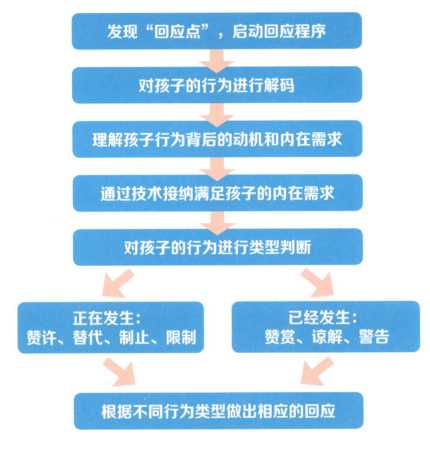

发现"回应点"，启动回应程序

对孩子的行为进行解码

理解孩子行为背后的动机和内在需求

通过技术接纳满足孩子的内在需求

对孩子的行为进行类型判断

正在发生：
赞许、替代、制止、限制

已经发生：
赞赏、谅解、警告

根据不同行为类型做出相应的回应

回应流程图

对孩子的行为，家长要先进行精神层面的回应，再进行行为层面的回应。

精神层面的回应包括对孩子的行为进行解码，然后分析并理解孩子行为背后的动机和内在需求，最后通过技术接纳，让孩子感受到你的接纳态度，从而满足孩子的内在需求。

行为层面的回应包括对孩子的行为类型进行判断，如果是正在发生的行为，分为四类：赞许型、替代型、限制型和制止型。如果是已经发生的行为，分为三类：赞赏型、谅解型和警告型。然后根据孩子的行为类型做出相应的行为层面的回应。

有了这样一个清晰的流程图，相信家长在面对孩子各种各样的行为时就不会慌乱或者仅靠本能去反应了。

这个流程就像一个过滤系统，将孩子的行为放到这个流程里过滤一遍，父母就懂得如何给予孩子正确的回应了。

父母在与孩子的互动中也需要学会为自己留些时间，不要过快地反应。面对孩子的行为，先闭上眼睛数十个数，在数这十个数的过程中，基本上父母也就在头脑中走完整个流程，剩下的就是在实际行动中努力去实践了。

重点回顾

♥ 精神回应的正确方式是接纳。接纳分为观念接纳和技术接纳，如果只有技术层面的接纳而缺乏观念层面的接纳，是虚假的接纳。

♥ 正在发生的行为可以分为四种类型：赞许型、替代型、限制型、制止型。

♥ 已经发生的行为可以分为三种类型：赞赏型、谅解型、警告型。

♥ 回应的基本流程：先精神层面回应，再行为层面回应。精神层面的回应包括：对孩子的行为进行解码，分析并理解孩子行为背后的动机和内在需求，通过技术接纳让孩子感受到父母的接纳态度，从而满足孩子的内在需求；行为层面的回应包括：对孩子的行为类型进行判断，属于哪种类型，然后根据孩子的行为类型做出相应的行为层面的回应。

感悟思考

♥ 接纳分为观念接纳和技术接纳。许多家长都知道要接纳孩子，但并不真正理解孩子，接纳浮于表面化、形式化。你在生活中做到接纳孩子了吗？哪些事情上你认为自己做到了真正接纳，哪些事情上还有待于深化？

Part 3

第三章

观念接纳

存在即合理。

　　　　　　　　——黑格尔

　　就像植物的生长需要阳光、土壤和雨露一样，人的
成长也需要满足基本的生理及心理需求。观念接纳，从
理解孩子的需求，尤其是隐藏的心理需求开始。

接纳的基础：人类的基本需求

案 例

有位妈妈带着5岁的儿子来找我咨询，这个孩子有一个1岁的弟弟。有一天，妈妈发现哥哥竟然把弟弟拉的尼尼塞到弟弟嘴里。天哪！哥哥竟然做出这样的事情，是不是心理有问题呀？

妈妈也反思自己，自从有了弟弟之后，大人的大部分精力和时间都用在照顾弟弟上，弟弟抢走了爸爸妈妈原来对哥哥的爱，于是哥哥心生怨恨，通过这种方式进行报复。即便从这个层面上理解哥哥，妈妈依旧难以接纳孩子的行为，他怎么能这样做呢？实在太气人了。

孩子常常做出一些令人困惑的行为。其实，深入分析之后会发现，孩子是在试图满足自己的基本心理需求。基本心理需求就像饥饿、口渴一样，驱动着孩子的行为。案例中的妈妈能意识到哥哥如此对待弟弟是出于报复之心（这其实是孩子在通过这种方式满足社会价值感的需求），但她没有意识到这种需求如此强烈。这个案例也提醒我们：基本心理需求的威力不可小觑。

儿童时期的基本心理需求包括五种：安全感、新奇感、意志感、社会价值感和自我价值感。这五大需求也催生并驱动着孩子做出各种各样的行为。

安全感

安全感是最重要的一个基本心理需求，只有安全感被满足的时候，孩子才会进行运动、探索和模仿等其他需求的满足。

有人会问，生活在这样一个安全的社会，人们还会有安全感问题吗？其实，"安全感"和社会安不安全没有关系。**安全感主要表现为确定感和可控感**。当一个人，感觉到周围的环境是我可以掌控的、确认的，能判断环境中没有危险或风险，或者即使可能有风险，自己也有能力化解时，就会产生安全感，反之，就会缺乏安全感。

对于孩子来说，安全感与早期母婴关系密切相关。如果在孩子小的时候，妈妈陪伴在身边，经常给予拥抱与爱抚，陪伴他游戏、运动，孩子就会安全感充足，自信并乐于探索。反之，孩子可能会出现畏缩、黏人、适应不良等行为。

孩子的许多行为问题都与缺乏安全感有关。比较常见的有：

1.异常分离焦虑

有的孩子十分黏人，好哭，与妈妈分离就会表现得很伤心，最常见的是入园适应困难。有的孩子入园一个月后还会天天哭，不能参与游戏，这就是安全感不太强的表现。

2.退行性行为

许多家长发现，在有了二宝之后，大宝似乎突然"变小"了。看着二宝喝奶瓶，他也要喝；二宝穿尿不湿，他也要穿；本来已经学会穿衣服了，现在又不会了，闹着让爸爸妈妈给穿衣服，还经常要抱抱。其实，这是因为二宝的到来，让大宝的安全感受到了威胁，他不确定爸爸妈妈是否还爱他，因此他出现了一系列的退行性行为，也就是比他实际年龄小的行为倾向。

3.恋物

孩子在婴儿期，有的妈妈因为工作原因陪伴孩子比较少，孩子就经常会依恋某件物品，走到哪都要带着，比如小毯子、小枕巾、小娃娃等。问他们为什么带着这些东西，孩子们会说，上面有妈妈的味道。而且一般孩子不允许清洗这些依恋物，

这个小熊太脏了，洗洗吧！

不要，上面有妈妈的味道！

因为上面有一些特殊的味道，这让孩子觉得安全。如果父母偷偷洗了这些东西，或者强制不让带这些物品，会让孩子十分焦虑。

4.大脑"路线图"失控

有的孩子会对接下来要做的事在大脑中形成一个路线图，如果接下来的事情按照他头脑中的"路线图"进行，他会觉得比较安心。可是如果不按照"路线图"来，他就会大发脾气，因为这让孩子失去了预判能力，失去了控制，这种失控的感觉让他极度的不安全。

5.强迫行为

有的孩子睡觉时，一定要摸着某个东西才行。比如，有次外出讲座的时候，有个妈妈跟我咨询，说她的孩子晚上睡觉时必须攥着妈妈的手指头睡觉。这在平常不是太大的困扰，但是偶尔妈妈出差不能回家，孩子就难以入眠。其实，这就是孩子缺乏安全感的表现。

新奇感

　　新奇感是指人们在遇到新鲜奇特的事物、景象或经历时获得的一种"快乐体验"。幼儿阅历少，知识经验贫乏，他们对周围生活中接触到的新鲜事物，往往会表现出极大的好奇心，他们什么东西都想摸一摸、碰一碰、试一试。这种好奇探索的过程可以增加孩子的生活经验，提高孩子的生活能力，促进孩子感觉器官的发展，更能培养孩子的主动性、想象力和创造力，并给孩子的生活带来巨大的快乐感和满足感。

　　孩子的许多行为都受新奇感的驱动。

　　比如，孩子小的时候，喜欢吃手，还会把一切拿到的东西都放到嘴里。对婴儿来说，嘴是他最重要的探测器，父母不要阻止孩子的这种探索行为，在保证干净健康的基础上尽可能地为孩子创造探索的机会。

　　有的孩子喜欢撕书、啃书，书对他们来说，是一种玩具，撕、咬、啃就是他们玩这个玩具的方式。

　　孩子大一点儿后，喜欢扔东西。他们喜欢把床上的枕头都扔到地上，喜欢把吃饭的勺子扔到地上，喜欢从高处往下跳，这都是在满足他们对空间的探索。

　　有的孩子喜欢翻垃圾桶、趴在马桶上看，这些都受新奇感的驱使。

新奇感对于孩子来说是非常宝贵的，它驱使着孩子去探索和了解这个世界，孩子会在这样的探索中一步步成长起来。可以说，新奇感是孩子成长的动力。

意志感

意志感是孩子在完成既定目标的过程中获得的一种"快乐体验"。孩子的许多行为在大人眼里是无聊、没有意义的，但对孩子来说，他们从中体验到了无穷的乐趣。

重复

在成人眼中，简单的重复是最无聊、也最无意义可言的，但对孩子却非常重要，**重复正是发展能力的一种需求**，孩子通过重复来确认能力的掌握。所以，孩子会不厌其烦地做一件事或玩一样东西，直到他确认完全掌握它，把它变成自己的一种能力为止，孩子从中体验到了意志感。

独立做事

孩子长大的过程就是慢慢走向独立的过程。他学习走路的过程中，不愿意让人抱，他宁愿在不断地跌倒、爬起的过程中自己去体验。因为在这个过程中，他体验到了意志感的满足。

在我儿子小的时候，有一次，他自己在玩拧瓶盖的游戏。拧上，卸下来，然后再拧上，他在这个过程中体验到了意志感的快乐。可有一次拧得太紧了，他拧不开来找我帮忙拧松一点儿，可是我一使劲就把瓶盖给拧下来了，气得他大哭。他只需要我帮他拧松一点儿，并不需要我替代他把瓶盖拧下来，这剥夺了他体验意志感。这件事情对我触动非常大，在以后的生活中，我十分注意不要剥夺孩子亲自体验的机会，尽量不包办替代，让孩子自己做。

社会价值感

人类是群居动物。我们的一切作为，都是为了在对自己至关重要的群体里找到适合自己的位置，也就是地位确认。我们渴望归属于这个群体，被这个群体接受，并对这个群体有所贡献。这种渴望是儿童行为的基本动机。在家庭环境中，孩子的一切行为都离不开这样的动机：被关注、被接受、被认可，体现自己的重要性，获得归属感，从而体验到社会价值感。

在体验到社会价值感时，人们会感觉安全、放松、安宁和满足。社会价值感是在孩童时期形成的，如果父母能够帮助孩子建立社会价值感，并且拥有能从周围的人和环境中获得社会价值感的能力，那么父母就帮孩子铺垫了自在放松的人生底色。

实践告诉我们，一个孩子能够感觉到自己是家庭里的重要一员，他就能自觉维护这个家，并经常为家里做些有益的事情，他的行为往往具有建设性。如果他在家里找不到自己的位置，感觉不到自己的重要性，他在家里的自我感觉不好，就会产生卑微感。为了消除或者战胜卑微感，他就会用捣乱、破坏的行为来证明自己的重要性。

孩子许多难以理解的行为其实都是为了获得社会价值感。

吸引关注

许多孩子会通过标新立异做出一些怪异的行为吸引家长和老师的注意力，这种行为很常见。

想赢怕输

有的孩子不敢参加任何比赛，因为他们害怕输。如果得了第一名，他们就会忘乎所以，如果不是第一名，他们就会非常沮丧。有的孩子与家长一起玩的时候，比如打羽毛球、下棋时，必须要赢，如果输了就会大发脾气、耍赖，要求重新来一局，直到自己赢为止。这样的孩子"输不起"。

报复

报复的情况经常会在二宝家庭中出现，之前的案例便是哥哥在报复弟弟。二宝家庭中，父母要经常保持清醒的意识，给予每个孩子需要的温暖和爱，不能因为照顾二宝，就忽略了大宝的需求，或者总是要求大宝让着二宝，这会让大宝觉得父母不公平，从而滋生怨恨。

权力争斗

许多家长发现，他们会陷入与孩子争论"该听谁"的境地中，孩子经常会用叛逆、离家出走、争吵、发脾气等方式赢得"话语权"。其实，这就是父母和孩子陷入到了权力争斗的游戏中了。

陷入权力之争，其实是孩子在向家长宣示：我是独立的人，请尊重我。要避免权力之争，家长首先要摆正自己的位置。孩子与我们是平等的，也是有选择权的，我们可以帮助孩子看到当时的情境需要做什么，但是我们不能代替孩子做出选择。比如，今天天气比较凉，我们可以建议孩子穿长袖长裤，如果孩子坚持穿裙子，我们可以提醒孩子这样会冷，如果孩子再三坚持，那也可以让孩子去体验自己的选择，孩子体验到冷后，下次就会选择适合自己的衣服。这被卢梭称为"自然后果法"。

孩子的心是需要用尊重和爱去赢得的，而不是通过强权与控制强迫的。如果父母与孩子陷入到了权力之争中，父母应该意识到，孩子没有体验到来自父母的爱和归属感，他的社会价值感受到了威胁，所以他要努力争取"说了算"，以保护自己的地位，赢得社会价值感。

假想伙伴

美国的一项心理研究表明，65%的7岁以下孩子曾有过至少一个"假想朋友"，幻想每天和它一起吃饭、睡觉、聊天、玩耍，度过漫长的一天。

电影《头脑特工队》里的女主角莱莉就有一个假想的伙伴：冰棒。

冰棒是个长得像粉色大象却又长着猫尾巴的家伙。棉花糖做的冰棒十分可爱善良，胸前别着五彩花，哭的时候冒出来的不是眼泪而是糖果。后来，随着莱莉的长大，冰棒跌入遗忘深渊并被风化。这并不意味着冰棒死了，只是不再参与心智越来越成熟的莱莉的生活，莱莉也不会再幻想和它一起乘坐火箭登上月球。

为什么孩子会出现假想伙伴呢？其实，假想伙伴最重要的功能是陪伴，在孩子感觉孤独、恐惧、厌倦的时候，它给予了儿童安慰。现在中国家庭基本上是一两个孩子，在高层楼群的社区里，孩子的社交在很大程度上被阻碍了，父母工作又比较忙，孩子感觉被忽略或者出现一些情绪没有及时得到安抚，而现实生活中又缺少真正的伙伴支持时，假想伙伴就会进入幼儿思维和生活，给孩子"一心一意"的陪伴和支持，让孩子感觉到被支持、被理解、被安慰。

自我价值感

孩子作为一个独立的个体，需要在日常生活中体验到自己是有能力的，是有价值的。比如，孩子在成长的过程中很喜欢挑战自己的能力，努力学会自己走路，自己吃饭，自己穿衣服等，都是在努力获得自我价值感。家长需要看到孩子的这种自我价值感需求，尽可能给予孩子机会去体验和探索，让他们自主做事、自主生活。

模仿

蒙台梭利说："孩子实际上是不喜欢假的玩具的，孩子喜欢的是模仿。孩子会有意且认真地要在各方面模仿大人。"孩子来到这个世界之后，特别是在5岁之前，会对父母超级崇拜。他们在成长的过程中发现，许多想做的事自己做不好，都需要父母的帮助才能完成。因此他们渴望拥有和父母一样的能力，拥有那种他们认为的"超能力"，因此模仿是孩子自我价值感发展的一种萌芽。

确实，孩子的模仿和帮忙，会对家长造成许多麻烦，父母需要考虑怎样才能既满足孩子成长的需求，又不给自己填麻烦的办法。比如，对于喜欢模仿妈妈做饭的小朋友，可以买一套迷你锅具，让孩子在旁边用"生菜"体验做饭。

控制自己的身体

身体的成长是孩子健康成长的第一步，从孩子会爬、会走开始，孩子需要多种形式的大量的身体运动。他们会不停地爬上爬下或者跑来跑去，不断尝试各种各样的身体运动来锻炼自己，发展自己身体的平衡能力和协调能力提高肌肉力量，使自己的身体变得更灵巧有力。这个过程是孩子身体健康发展的重要过程，如果这些行为受到限制，孩子会出现我们经常听说的"感统失调"。这些身体能力的发展也是孩子认识自我、确认自己身体能力的过程，当孩子掌握了许多动作、能做很多事情之后，就会获得巨大的自我价值感，提高掌控感，变得更加自信。所以，在现实生活中我们看到很多经常被抱着、身体运动不足的孩子，他们通常缺乏基本的身体锻炼，身体的协调性和灵活性比较差，体质比较弱。

那么，孩子有哪些身体运动的需求呢？

手部动作：抓、捏、摸、拿、抠

上肢动作：扔、摔、打、抱、拽

下肢动作：爬、走、跑、跳、蹦、攀登

孩子的身体运动行为不应该被过多限制，这是孩子身体能力发展的需求。但现实生活中，我们经常看到家长常常把下面的话挂在嘴边：

"不要跑，就不能像正常孩子一样好好走路吗？"

"不要一直跳，小心绊倒。"

"不要往上爬，会摔断腿的。"

不能跳，会摔着！

许多祖辈家长可能因为害怕危险，不允许孩子进行这些活动，总是制止孩子。比如，孩子想爬花坛，老人会因为怕危险，或者显得没有教养，去制止孩子的攀爬行为。但理解孩子成长规律的家长会认识到这是孩子的成长需求，就不会过多制止，只在旁边予以关注和保护。

幻想具有超能力

许多孩子喜欢幻想自己拥有超能力，比如会隐身，会变出想要的东西，会让物体看不见等。动画片《哆啦A梦》中的机器猫就因为具有这样的超能力而获得了小伙伴的喜爱。

孩子心中会有幻想，这是非常常见的情况。大多数孩子到15岁左右，就会认识到世界没有什么奇特的，大家都是普通人，不会有超能力存在。

但是有的孩子会将自己幻想出来的超能力与现实情境相结合，试图在现实生活中用上超能力。比如隐身，或者让物体看不见，这样父母就不能检查自己的作业了；或者会轻功，可以在水上漂浮行走，这样就可以抄近路了等。许多男孩喜欢幻想自己拥有这样的超能力，有的会投入较多的热情，甚至影响自己的专注和学习。这时，家长要给予相应的关注，检查孩子是否在生活中遇到了难以解决的问题，可以根据孩子对神秘能力的向往分析孩子目前的心理处境。

在孩子成长的过程中，以上需求是家长必须满足的。如果家长因为自身原因无法给予孩子安全感的满足，因为怕麻烦和危险阻止了孩子对新奇感的探索，对孩子包办代替剥夺了孩子体验意志感和自我价值感，以及因为不了解孩子的社会价值感需求而陷入与孩子的各种纠缠中，孩子的成长就可能受到阻碍，给孩子和家长带来无穷的困扰和烦恼。

重点回顾

♥ 儿童时期的基本心理需求包括五种：安全感、新奇感、意志感、社会价值感和自我价值感。这些需求是孩子成长的基础，理应被满足。

♥ 孩子的许多行为问题都与缺乏安全感有关，比较常见的有：异常分离焦虑、退行性行为、恋物、大脑"路线图"失控、强迫行为等。

♥ 孩子的许多行为都受新奇感的驱动。比如，吃手、撕书、扔东西、翻垃圾桶等。家长要注意保护孩子的好奇心。

♥ 孩子需要重复、独立地做事，在这个过程中体验意志感的满足，家长尽量不要干扰。

♥ 孩子许多难以理解的行为都是为了获得社会价值感。比如，通过标新立异的行为获取关注，以及怕输、报复、权力争斗、假想伙伴等。

♥ 孩子的模仿、尽可能地学会控制自己的身体、幻想具有超能力等都是自我价值感的需要，家长不要干涉，尽可能提供支持的环境。

感悟思考

♥ 找出一个自己的孩子特别难以理解的行为，试着分析，孩子的这个行为是为了满足什么需求？父母如何做才能满足孩子的这个需求呢？

达成观念接纳的障碍

蒂莫西·费里斯是一个传奇人物，他大学期间开始创业，曾留学并漫游中国。现在他通过远程工作，经营一家营养品跨国公司。他曾获全美散打冠军，保持一项探戈舞吉尼斯世界记录。他旅居世界各地，四海为家，人生丰富多彩，充满了许多可能性。世界许多知名媒体如《纽约时报》、CNN等都曾对他进行过特别报道。有一次，他在接受采访时被问道："在成长的过程中，你最渴望得到谁的爱，你的父亲还是母亲？"蒂莫西说："应该是父亲的。"

"为了得到他的爱，你需要成为谁？"蒂莫西沉思了一会儿，回答道："可能是服从，或者无条件地接受他的命令。"

"那么你母亲呢？为了得到你母亲的爱，你需要成为谁？"

这次蒂莫西不假思索地回答："我不需要成为谁。"他继续解释："我母亲会让我去接触不同的事物，如果我表现出某种兴趣，她都会支持，所以我能够感觉到，不管我选择了什么样的道路，我母亲都会接受，只要我自己是快乐的。"

　　拥有这样一位接纳他的母亲，蒂莫西·费里斯是幸福的。他能活得这样洒脱，在很大程度上也归功于母亲的接纳。真正的接纳能给予孩子内心极大的安全感，因此他笃信，不论自己表现如何，母亲都会爱他。他可以安心地去探索、尝试、体验，在这个过程中摸索出真正适合自己的东西，从而发展出自己的兴趣爱好，发展出属于自己的独特的生活方式。

　　相信父母都是深爱着孩子的，但为什么有时候不能理解孩子、接纳孩子呢？一方面是因为父母不能透过孩子的行为看到背后的需求，无法理解孩子，自然也就无法接纳；另一方面是因为父母自身的心理需求未得到满足，从而阻碍了接纳的发生。因此，要想真正做到从观念上接纳孩子，需要跨越两重障碍。

障碍一：不能透过孩子的行为看到背后的心理需求

　　接纳并不是一句口号，要想真正做到接纳，就要建立在理解的基础之上。孩子的有些行为看上去很奇怪，其实背后有他自己的逻辑，他在表达着自己的某些需求。而家长们需要透过孩子这些表面的行为，看到孩子真正的需求是什么，并尽可能地满足。上一小节，我们列举了孩子的五大基本心理需求及其表现形式，这也为家长分析孩子的行为和接纳孩子提供了基础。

案例一：异常分离焦虑其实是安全感缺失

　　强强上幼儿园都大半个学期了，每次送园还是哭闹不止。有时候，强强还会在半夜忽然坐起来，嘴里喊着"我不要上幼儿园"。这让妈妈很苦恼，也十分心烦。强强妈妈不明白，为什么别的孩子很快就适应幼儿园了，自己的孩子却总是不行？！跟老师交流也发现，强强在幼儿园很乖，没什么存在感。可强强在家并不是这样的，话不少，也挺活跃。

　　我告诉强强妈妈，孩子上幼儿园都会出现一定程度的分离焦虑，只不

过强强的分离焦虑更加严重，有可能是婴儿时的母婴长期分离、带养方式比较严厉、父母经常吵架等原因造成的安全感不足。父母可以通过游戏与孩子建立亲密的依恋关系，来补足安全感。另外，也需要检查孩子在幼儿园是否遇到了什么困难，并帮助孩子解决。

强强妈妈说，强强小的时候，她工作比较忙，经常出差，大部分时间都由奶奶带。奶奶的带养方式比较仔细，生怕孙子磕着碰着，所以对他管束得挺多，也有点儿过度包办。强强的自理能力不是很好，吃饭、穿衣服也都需要大人协助，这可能也是他不愿上幼儿园的原因。

经过这样的分析，强强妈妈理解了强强的异常分离焦虑，也不再因为强强的哭闹而心烦。透过孩子的行为表面看到背后那个正在呼求爱的小孩，接纳就发生了。

异常分离焦虑是安全感缺失的表现。我建议，强强妈妈在家里建立宽松的亲子氛围，尽量不要训斥孩子，多鼓励，多表扬。家长需要增加亲子陪伴，补上亲子依恋的一课，比如每天30秒以上的拥抱，临睡前的抚摸，亲子游戏等，尤其是那种能增加身体接触的游戏。爸爸妈妈可以将孩子夹起来做汉堡包、枕头大战、骑大马等，都会让孩子的安全感大增。另外，针对自理能力弱的问题，在家需加强锻炼，这是孩子适应幼儿园的重要保障。送园时，父母要温柔地坚持，不可训斥孩子，也不可因为孩子的哭闹而放弃。

强强妈妈照做了。一个月后，她反馈说，孩子现在去幼儿园基本上不再哭闹了。

案例二：总插话是寻求社会价值感

泽泽是一个5岁的小男孩，他有个哥哥上高中，两周回家一次，所以每次回来妈妈和哥哥总是交流很多。

上个周末，哥哥从学校回来了，餐桌上和妈妈聊起了他在学校的一些事，泽泽一边吃着饭一边不时地看看妈妈，欲言又止的样子。

哥哥刚刚说起一位同学，泽泽就抢着说："妈妈，我给你们讲个故事吧：有一次一个人在钓鱼，他钓上来的一条鱼竟然飞了！好玩吧！哈哈……"他像是被自己的故事逗乐了。

哥哥笑着说："你这叫什么故事？"

妈妈阻止了哥哥继续说下去，用眼神示意他，要对弟弟的故事感兴趣，哥哥便夸张地说："哎呀！真好听啊！"显然不是发自肺腑。

哥哥和妈妈继续聊学校的事，泽泽又找了个机会说："我再给你们讲个故事吧：有个人，他又钓了一条鱼……"

妈妈和哥哥有些憋不住地笑了，当然不是被他的故事逗乐的。泽泽看着哥哥和妈妈，一脸神气。妈妈看穿了泽泽的小心思，一把把泽泽搂在怀里，说："呦，我的小宝贝会讲故事啦！再讲一个吧，我们都很喜欢听。"泽泽腼腆地笑了，不再插话。

其实，这个案例中的泽泽是"吃醋"了，他看着哥哥和妈妈聊得这么起劲，感觉自己好像找不到位置，他的社会价值感受到了威胁。于是，他开始通过插话的方式试图吸引妈妈的注意。妈妈看穿了泽泽的小心思，把泽泽搂过来，并鼓励他继续讲故事，这满足了孩子的社会价值感需求，泽泽重新感觉到了自己的重要性，于是不再插话了。

这个案例中的妈妈透过孩子的行为看到了背后的需求，她接纳了孩子，然后用拥抱和关注满足了孩子的社会价值感需求。试想一下，如果妈妈不懂泽泽的小心思，把泽泽批评一顿，怪他乱插话影响了她和哥哥的交谈，泽泽就会觉得，在妈妈心里，哥哥是比自己重要的。他可能就会做出更多调皮捣蛋的行为去获取妈妈的注意，找到自己的社会价值感。

孩子常常会做出一些令人难以理解的行为。父母透过孩子的行为看到孩子在渴求哪种基本心理需求，并给予孩子适当的满足，孩子就会像得到了土壤、肥料、阳光的植物一样，茁壮地成长。

障碍二：父母自身的需求未得到满足

有的父母即便看到了孩子行为背后的需要，也无法接纳孩子。这时，就说明父母某些需求的满足受到了阻碍。

比如，许多父母看到孩子想要爬高往下跳就会非常紧张，这时，即便他们懂得这是孩子的天性使然，是孩子在探索，也很难接纳孩子。他们一定会大声喊"危险"，把孩子拉下来，再严厉地将孩子训斥一顿。当然，这不是说，一定要允许孩子爬高往下跳，行为层面有所限制是没有问题的。接纳孩子的父母理解这是孩子的探索天性，如果觉得实在太高太危险，可以提醒孩子注意安全，或者上前提供一定的保护措施，或者选择一个比较矮的地方带孩子去尝试。如果直接阻止孩子，并且呵斥孩子，这就说明父母在内心层面没有接纳孩子。

为什么父母做不到接纳呢？是因为父母的安全感需求没有得到满足。父母十分担心孩子因此摔伤，不允许孩子受一点伤害，父母的安全感需求压倒了一切，因此，就不顾孩子的感受而去阻止孩子。

安全感的需求十分强大，会在许多方面影响父母接纳孩子。比如，不允许孩子独自出去玩耍，不允许孩子蹦蹦跳跳，担心孩子被车撞，害怕孩子生病等。

我见过一位很奇怪的爸爸：孩子生了病，他反而大声训斥孩子。这看上去有点儿莫名其妙，又不是孩子自己愿意生病，而且孩子生了病正是需要爱和温暖的时候，为什么要训斥孩子呢？其实，是这位爸爸的安全感需求没有得到满足，这成了促使他行为的压倒性力量。

如何破解这种由于父母自身的需求未得到满足而造成的不接纳呢？最好的方式是父母觉察自己的感受。当父母感觉自己出现某种情绪时，要静下来倾听自己，透过情绪看到自己的基本需求。当父母看到自己的基本需求后，先安抚并满足自己的内在需求，再来回应孩子。比如，这位见不得孩子生病的爸爸，可以透过自己的焦虑情绪看到自己的安全感需求未得到满足，然后先安抚自己，再来回应孩子。相信这时，这位爸爸就愿意用温暖的爱去照顾孩子，而不是大声地训斥。

另外一个经常会影响父母接纳孩子的需求的因素是社会价值感需要。

许多父母自己的人生过得不够精彩，社会价值感需求没有得到满足，就会寄希望于孩子，希望孩子能满足自己的期待，间接地满足自己的价值感，用俗话说，就是"给自己长脸"。表现形式是父母会为接纳孩子设置某些条件。

父母对孩子都有一些美好的期待，比如希望孩子性格外向、活泼开朗、有礼貌、学习成绩好、将来考个好大学、找个好工作、像大多数人一样结婚生子……而这些美好的期待如果变成了孩子需要达到的标准，父母就会想方设法地让孩子成为自己所期待的样子。也就是说，孩子达到了，父母心里才会高兴，达不到，父母就要摆脸色，甚至想方设法强迫或使用让孩子内疚的方式要挟孩子，这是"有条件接纳"，背后是父母的社会价值感需求没有得到满足。

有条件接纳孩子的父母对于孩子的态度会随着孩子的表现而变化。如果父母认为，孩子听话是接纳的标准，那么孩子今天听话了，父母就会高兴，孩子今天不听话，父母就会不高兴。如果父母认为，孩子成绩好是接纳的标准，那么孩子今天考了100分，父母就会高兴，孩子考了80分，父母就觉得天都塌了。父母对于孩子的爱与接纳是不稳定的，孩子就会产生压力，怕自己万一表现得不够好，父母就会收回对自己的爱。

为接纳设置条件，很容易让孩子陷入自责、自我否定或者与父母的抗争中。如果父母不是全心全意地接纳和爱自己的孩子，甚至对孩子不满意和厌恶，孩子会敏锐地感受到，他的心理会形成一种空洞，他的自我是不完整的。这种心理空洞和不完整会一直持续到成年，它总会让孩子感受到残缺和不完善。

在一个关于家庭教育指导的培训班上，我讲了父母对孩子的接纳。我说："世界上任何一个人都可以不接受你的孩子，但母亲不可以，因为他是你的孩子。孩子需要母亲无条件的接纳和爱让他的心理完整，让孩子形成一个完整的自我小宇宙。"第二天，一个很年轻的学员找到我说："老师，你知道吗？昨天听了你的课，不知道为什么我流泪了。"在最后一天的分享课上，她又流着泪说："多年来，我一直不自信，我一直不敢在公众面前大声讲话。我总觉得自己不够好，我不行。今天我才明白为什么会这样。因为小的时候我妈妈总是对我不满意，不管我怎么做，她都认为我不好。多年来，我的心理一直有一种残缺感，我的心理是不完整的。今天我才明白是我妈妈的不接纳导致我沉重艰难地生活了这么多年。"说完之后，这个刚工作了一年的内向的女孩子不能自已地哭了起来。我知道，多年来她一直紧张自责地生活着，她需要这样的释放。她现在终于释放了。

孩子从对世界、对自己一无所知到慢慢地认识世界、认识自己，需要经历一个非常艰难的成长过程，这个过程需要妈妈的支持和帮助。孩子需要感受到母亲对他的接纳和爱，进而学会自我接纳和自爱。所以，父母认真做好接纳的功课，对孩子的生命成长意义非凡。

做到真正接纳的父母心中没有什么标准。他们在内心对孩子也会有一些美好的期待，但是他们意识到，这些美好的期待只是属于父母自己的，可能是来源于自己人生的一些没有实现的遗憾，也可能来源于自己所受到的教育以及经验，不论如何，这只是父母的一厢情愿。而孩子有属于自己的人生。他可能性格内敛、喜欢独处，可能敏感慢热、见到陌生人不够热络，可能不像别人家的孩子那般成绩优异、多才多艺，可能不想按部就班地找稳定的工作，甚至可能不想结婚、不想要孩子……但这就是孩子自己选择的人生，只要孩子遵守社会规范，不伤害他人、不伤害环境、不伤害自己，父母能做的就是尊重，并给予最多的支持和祝福。即便希望影响孩子，也是温和地启发、引导和鼓励，或者父母先努力活出自己想要的样子给孩子做一个榜样，但请允许孩子选择属于自己的人生。

重点回顾

♥ 达成观念接纳存在两大障碍：

障碍一：不能透过孩子的行为看到背后的心理需求。

透过孩子难以理解的行为看到孩子在呼求哪种基本心理需求，并给予孩子适当的满足，孩子就会茁壮成长。这是接纳的基础，也是接纳的力量。

障碍二：父母自身的需求未得到满足。

常见的阻碍父母接纳孩子的是两种需求：安全感需求和社会价值感需求。安全感需求受阻时，父母会不接纳孩子的各种探索、生病等；而社会价值感需求受阻时，父母会为接纳设置条件，从孩子身上获得社会价值感需求的满足。

父母对于孩子需要长成什么样有明确的标准，孩子想要获得父母的接纳需要达到这些标准。父母对孩子的态度随着孩子的表现而变化，这让孩子始终活在父母的眼光中。而真正的接纳没有标准，尊重孩子的独特性，孩子只需要活出自己即可。这能给予孩子安全感，从而内在生发出探索和成长的力量，成为自己人生的主人。

感悟思考

♥ 反观自己，最不能接纳的是孩子的哪个方面？是什么原因造成了这种不接纳呢？

接纳什么

接纳不是一句口号，需要在实际生活中一点一点去践行。不仅在养育孩子方面，在生活的其他方面也需要接纳，我们尤其需要接纳的是我们自己。

案例

我的工作比较忙，有时会很长时间腾不出空去看年近80岁的老母亲，内心会有隐隐的内疚。这时，我就马上放下工作，问自己：如果去看一次母亲需要一天的时间，会影响我当前的工作吗？如果答案是不会，那我就马上动身；如果手头确实有几件紧急的事情，那我就马上规划一个时间，要求自己在最短的时间把它们做完，然后动身；如果这一段时间确实不能去，那我就会打电话告诉姐妹们代我向妈妈问好，我的内心也会获得一份宁静；如果我确实不能去，也没有别的办法，那我就认为母亲这段时间不需要我去看，不去也没有关系。

我非常欣赏这样一段话："勇敢地改变能够改变的，平静地接受不能改变的。智慧地分辨出二者的不同。"生活中我经常用这句话来调节自己，也是我对接纳的理解。

确实，要想做到接纳，不是一件容易的事情，需要在遇到事情时认真思考分辨。但是有些内容是常规的、最需要用接纳的态度来面对的。这一节，我们来看看，在养育孩子的过程中，需要做好哪些方面的接纳。

接纳孩子的基本需求

前面我们讲了孩子的基本心理需求，而观念接纳的基础，就是要透过孩子的行为看到背后那个渴求爱的孩子，看到孩子的基本需求，然后给予满足。为什么锅里的水一直冒热气？因为底下有火，把火熄灭，水也就不沸腾了。所以，不要责怪孩子"沸腾"的行为，看到水底下的火，也就是那个基本需求，给予满足，孩子自然就不会"沸腾"了。

接纳孩子的感受和情绪

感受和情绪就像情报员，它们只是来报信的。如果能重视它们，把它们请进屋里来坐坐，并跟它们聊聊天，它们会告诉我们很多重要的信息，我们会从这些信息中收获许多礼物。如果不重视它们，或者被它们看上去丑陋的样子吓倒（有些消极情绪确实长得不够美丽），不敢正视它，它背后的重要信息也就被错过了，那损失的将是我们自己。

感受和情绪也很奇怪，如果得到了重视，它们也就很快离去了，因为它们的任务完成了。但是，如果你不重视它，试图忽略或者装作看不见，它就会一直执着地敲门，一直想方设法地引起你的注意，或者变得更加丑陋，变得看上去更加强大，或者装扮成其他样子，以引起你的关注。因为它的任务没有完成，它不能走。它真是非常忠实的信使，也是我们忠实的朋友。

对待感受和情绪，家长对待自己的方式和对待孩子的方式是一致的。家长需要先学会照拂自己内心的感受和情绪，然后慢慢学着认真对待孩子内心的感受和情绪。

比如，有的孩子晚上睡觉前会害怕。问他怕什么，他会说怕黑，怕怪兽，怕床底下的动静。如果你告诉他，没有怪兽，床底下没有任何东西，多数时候不会有什么帮助，他依旧会害怕。

有位妈妈就做得很好。她没有否定孩子害怕的感受，说"哪有什么怪兽""别害怕，有妈妈在"之类的话，反而跟孩子说"你能够害怕是好事，因为害怕才会想到保护自己"，这样孩子不会因为自己的害怕而纠结。后来，这位妈妈就跟孩子具体聊"心中的怪兽"，孩子说着说着就睡着了。这是因为当孩子的感受被接纳，"怪兽"很快就会消失。

接纳孩子的观念

孩子在成长的过程中，难免会有一些错误的想法和观念，这非常正常。

孩子刚出生的时候，头脑里是没有什么观念的，他脑袋中的观念都是后天环境慢慢塑造出来的。前面我们讲过，观念是通过条件反射以及间接学习等形成的，而父母的回应是孩子观念形成的强化物。也就是说，观念是可以改变的。改变父母的回应方式，就可以改变孩子的观念。

但是，改变的前提是看见，接纳就是看见。

乐乐是个5岁的小女孩。有一次她不小心把碗打碎了，妈妈闻声赶过来，下意识地问了句："是谁打碎的？"乐乐可能看妈妈语气有点严厉，也可能碗打碎本身就吓了她一跳，就怯怯地说："不是我打的，是弟弟。"但妈妈知道是她，因为弟弟没有在那个房间里玩。可是乐乐没有这样的逻辑思维，她仅仅是出于害怕，就矢口否认。看她害怕了，妈妈蹲下来，抱着她，跟她讲了华盛顿砍树的故事。乐乐听完后，一边擦眼泪一边说："对不起，妈妈，是我打碎的，我不是故意的。"妈妈也抱抱她，告诉她没关系，然后她们一起把碎片收拾干净。

在上面这个案例中，一开始乐乐持有错误的观念：做错了事情不能承认，否则就要受到惩罚。妈妈看到了她的错误观念，并没有训斥她，反而抱了抱她。然后又通过故事，让她明白：做错了事情不要紧，承认错误并努力改正就可以了。乐乐的观念因此得到了修正。

接纳孩子当下的样子

许多父母心中都有一个理想的小孩，希望孩子能够达到，再看现实中的孩子，家长就会带着挑剔的眼光，越看毛病越多。发现毛病就想让孩子改，孩子改不了就难受，觉得孩子态度不端正，最后就变成了训斥、责骂，搞得亲子关系十分紧张，孩子依旧一身毛病，甚至越变越糟糕。

这就陷入了亲子关系的负面循环。

父母需要意识到，自己心中的理想小孩只属于自己单方面的想法。现实中的孩子并不属于你，他只是经由你来到这个世界。父母能做的，就是接纳孩子现在的样子：他的相貌，他的身体，他当前的状态。

接纳这个不完美的孩子，接纳自己的孩子与别的孩子不一样，可能在某些能力上

不如别人，但他也有自己的优势。

接纳就是我看到你现在的样子，我知道你的想法，我理解你的感受。

如果父母心中能抱有这样的态度，孩子会怎样呢？他一定会觉得自己是个珍宝，也一定会努力长成自己最可爱的样子。

美国心理学家罗森塔尔考查某校，随意从每班抽3名学生共18人的名字写在一张表格上，交给校长，极为认真地说："这18名学生经过科学测定，全都是智商型人才。"时过半年，罗森塔尔又来到该校，发现这18名学生的确超过一般学生，进步很大，再后来这18人全都在不同的岗位上干出了非凡的成绩。

这就是著名的"皮格马利翁效应"。父母如果信任孩子，觉得孩子不管怎样都挺好，孩子就会觉得自己很棒，他也会在现实生活中活出自己最精彩的样子。如果父母总是带着挑剔的眼光，孩子也会盯着自己的缺点，在生活中就会缺乏自信。

所以，接纳才是最有力量的教育。

接纳家长自己

接纳自己有些事暂时做不到

我们虽然一直在强调接纳孩子，但是许多父母认为自己做不到。做不到没关系，能看到自己的真实状态，并且承认这就是很棒的状态，比做不到还要假装自己能做到要好得多。**真实，永远是最有力量的。**

要想接纳别人，需要先接纳自己。如果父母连自己都不能接纳，谈接纳孩子是不可能的。

有一位妈妈，总是在打了孩子之后就后悔，再去哄孩子、向孩子反复道歉，用各种方式给孩子补偿。有时孩子会借自己挨打的事情向母亲提出过分的要求，妈妈也会答应他。

我问这位妈妈："你还记得你当时为什么打孩子吗？"她说："记得，当时我急着出门，让他快一点儿收拾玩具，穿上衣服跟我走。可是他不理不睬，你怎么说都和他没有关系一样，还大喊大叫地对我发脾气，说他还没有玩够。我一气之下就打了他几下，看他哭得非常伤心，我又心有不忍，开始心疼孩子，就和他道歉。不过现在想一想，他也太气人了。当然，我读过许多文章，父母不能对孩子发脾气，我想是我修炼得不够吧。"

接着，我问她："如果现在再遇到这种情况，你还会打他吗？"她叹了口气，无奈地说："我想我还是会打他。我气起来就忍不住。我总是这样，气急了就打，打完了就后悔，再向孩子道歉。所以，现在孩子都疲沓了，怎么说都不听，我觉得他是在故意气我。"

我听了这位妈妈的一番讲述之后，感觉这位妈妈有点儿软弱，不能很好地把握原则，孩子有点儿故意欺负妈妈。于是，我告诉这位母亲："那就不要道歉了。你也要接纳自己，因为你也是人，人都是有情绪的，他这么故意与你对抗，不配合你，你也很生气。他就应该为自己的行为付出点儿代价。"

这位妈妈听了我的话，吃了一惊，然后说："父母真的可以打孩子吗？很多书上都说父母打孩子是不对的。"我向她解释道："父母和孩子的关系本质上是平等的，父母当然不能随便打孩子，但是，当孩子实在不考虑别人的感受，坚持自己的错误时，父母就有权利惩罚他，让他吃一点儿苦头，只是，我们必须注意惩罚的方式。你要接纳自己，你自己首先是一个有感情的人，是会生气的，在一个家庭里生活，他没有权利只考虑自己，不顾忌别人的感受。你打了孩子之后，应该告诉他，是他实在太过分了，你才打他，希望他以后不要这样做。你只就你的打人行为道歉，但他自己也是有错的，他也必须为他的行为向你道歉，而且以后要约束自己，希望不要再发生类似的事情。只有这样，才能让孩子认识到自己的问题，承担自己应该承担的责任。"

当前，我们对孩子的尊重已经到了无以复加的程度。传统教育中父母经常打孩子是不对的，但现在我们似乎走向了另一个极端，批评孩子经常遭受质疑。家庭教育家孙云晓早在20世纪末就大声疾呼："没有惩罚的教育是缺钙的教育。"上海复旦大学钱文忠教授也说："不能再对孩子让步。"

接纳现实的生活

现实生活总有各种不如意，不可能事事都按照我们的意愿来。

但是，如何对待生活，取决于父母的态度，孩子也会从中学习到面对生活的态度。

如果父母经常后悔、天天自责、时时抱怨，又不去积极想办法解决问题，这种满满的负能量才是对孩子最大的伤害，而不是生活本身。

能够接纳自己、接纳现实的父母才是内心充盈、有能量的父母。父母乐观开朗、积极生活的状态才能带动孩子处于积极的状态，感受到生活的美好。

接纳自己不是完美的父母

下图是网友戏谑当今社会的压力，逼得妈妈们"为母则刚"，个个不得不练就十八般武艺，并且称这是现代妈妈不得不做到的"标配"。

其实，"超级妈妈"不应该是现代妈妈的"标配"。妈妈不用眼睛总是围着孩子转，把目光转向自身的成长，对孩子来说更有意义。

做好妈妈这个角色，最重要的不是拼命给孩子提供最好的生活环境，让他接受最好的教育，报花样繁多的补习班，学习各种技能，而是关照自己的内心是否平和、喜悦？是否在用爱和接纳对待孩子？孩子会从父母的眼中看到自己。如果在与孩子互动的过程中，父母是快乐的，孩子也会感觉自己是个好孩子，从而建立起自信和自我接纳。如果父母总在忙于应付生活，在焦虑中催促孩子跟上自己的步伐，那会让孩子也很焦虑，最终得不偿失。

对于孩子来说，一个平和、情绪平稳的妈妈比一个什么都搞得定的妈妈有意义得多。妈妈可以什么都不会，但是如果她愿意参与其中适当地给予孩子鼓励，孩子就会感受到欣喜和自豪。

相比去各地旅游，参加五花八门的活动，孩子可能更愿意跟妈妈在家里玩一些简单的小游戏，拥抱，或者你做你的事，我做我的事。

有位妈妈说得好：不能以"我生了一个孩子"的心态来养孩子，而是"我遇见了一个人"。孩子不需要妈妈把他背在身上，孩子需要妈妈陪他一起走。

父母不要委屈自己做事。父母只做自己应该做的，做了也不要求回报。这样的好处是，父母不会用自己的爱绑架孩子。

工作了这么多年，我发现人与人之间的纠结大都源于"我为你做了那么多，而你怎么能这样对我"，从而感受到不满和委屈，这是因为有要求回报的心理。如果总是抱着有回报的心理去做事，就会经常有这种委屈和不满的情绪，因为人与人是不同的，别人不一定会按你的期待去回报你、感谢你，那时，你就很容易受到伤害。

接纳你，就是允许在你自己的事情里，你自己决定。

也意味着在我的事情里，我自己决定。

我不侵犯你的界限，不去干涉你的个人生活和选择。

我也保持我的界限，不失去我自己。

你过你想要的生活，我过我想要的生活。

我们在有困难和需要时相互帮助，相互爱护。

但，我们还要保持我们自己。

我不完美，你也不完美，但是这不影响我们爱着彼此。

小　结

♥ 接纳的内涵包括：

接纳孩子的基本需求，然后给予满足。

接纳孩子的感受和情绪，感受情绪需要用相应的方式去面对。

接纳孩子的观念，改变父母的回应方式就可以改变孩子的观念。

接纳孩子当下的样子，接纳他的不完美，这会给予孩子无穷的力量。

♥ 父母也要接纳自己。接纳自己有些事暂时做不到，接纳现实生活的不如意，接纳自己不是完美的父母。

Part 4

第四章

技术接纳

爱的五种语言：肯定的言词、精心的时刻、接受礼物、服务的行动、身体的接触。

——盖瑞·查普曼

像爱一样，接纳不仅在心中，还要表达出来。爱的五种语言，也适用于接纳。

回应中的技术接纳

有个家长因为和青春期的儿子遇到了问题来找我咨询。"青春期的孩子脾气太大了，好像随身带着炸药包随时准备炸。"她接着跟我举了个例子：

上初中的儿子放学回到家，一进门就把书包往沙发上一扔，气鼓鼓地对我说："真恨死我们数学老师了！她让我罚站，我再也不想上她的课了！"

我的心一下子提起来，紧接着孩子的话说："老师为什么让你罚站，是不是你违反纪律了？他也是为你好！"之所以这样说，是因为我担心儿子从此真的恨上老师，不再听老师的话，上课也不认真听讲了。所以，我希望孩子能看到老师对他的良苦用心，别因为一时的惩罚而对老师怀恨在心。

想不到，听完我的话，儿子竟然饭也没吃，一头钻进自己的屋子，把门一摔，任凭我怎么叫，都不再理我。过了一会，又冲出来大喊一声："从明天起，我不去上学了！"

我真是纳闷，怎么两句话没说完就大吼大叫，还不听劝，真是一头倔驴啊！明明我一片好心，却被当成了驴肝肺。而且，我说的话句句在理，都是为了儿子好呀，为什么儿子就是不肯听呢？

亲子沟通最重要的不在于说的有没有道理，而在于能不能沟通，沟通是不是有效果。想让沟通顺利进行，需要以技术接纳为基础。

　　许多父母以为，接纳是一种态度、一种心情、一种感觉。的确，接纳是发自内心的，这也是我们强调的观念接纳。但要成为影响他人的力量，接纳必须积极主动地表现出来，也就是我们所说的技术接纳。其实，父母在心里接纳孩子是一回事，孩子感觉到被接纳又是另外一回事。想让孩子感受到父母的接纳，父母需要将自己心中的接纳表达出来。表达对别人的接纳，需要一些特定的技巧。接下来让我们一起来学习这些技巧。

回应的五个步骤

　　沟通是两个人的事，一味地责怪孩子难以沟通，把责任都推到孩子身上不公平，也不能解决问题。青春期的孩子确实容易发脾气，但这主要与父母的沟通方式不正确有关。

　　比如学打乒乓球。一开始学的时候，我的球技很差，好好的一个球让我打回去之后就变得很刁钻，可是我的教练每次都能稳稳地接住我的球，将我歪七扭八的球给回正，到我接球时很容易就接到了，这样一来一回我们能打好久。但如果我们两个都是生手，我打过去的球对方接不住，对方回过来的球我也接不住，甚至打不了一个回合，球就掉了。

　　我时常感慨，与孩子沟通和打球一样，孩子还在成长的过程中，不善于沟通很正常。如果父母善于回应，孩子就可以稳稳地被接纳，这个沟通就可以顺畅地进行。如果父母也不懂如何回应，就像两个生手打球，沟通就会难以进行。

正确的回应，可以分为五个步骤：

步骤一：倾听；

步骤二：用描述性语言概括孩子的感受；

步骤三：接纳孩子的感受；

步骤四：启发或引导孩子自己解决问题；

步骤五：评估并实施。

如果我是案例中的父母，我听到孩子发牢骚，会这样回应他："被老师罚站了，你心里是不是很难受，觉得自己特没面子呀？"

孩子感觉被理解了，可能会这样回应："是呀，还当着全班同学的面。"

我会接着这样回应："嗯，如果是我，我也会觉得很难受。能说说老师为什么让你罚站吗？"

此时，儿子已经平静了一些，他会愿意跟我解释原因，可能会说："其实，我是被冤枉的。老师写板书时，同桌问我题，我正回答呢，老师转过脸，没看到同桌说话，只看到我在说，就把我叫起来了。我太冤了！"

我会接着回应："原来是这样。是挺冤的。可是，你想过没有，如果你是数学老师，同时教四五十个学生，你对每个人的一举一动都能看得那么清楚吗？如果大家都像你一样，在课堂上说话，会是什么局面呢？授课还能继续吗？"

通过一系列的提问，我试图启发孩子换位思考。

这时，孩子的情绪进一步平复，对于我的引导，他也比较容易接受了。孩子可能会说："这我倒没想过。如果是这样，可真够难的。"

我会接着这样回应："所以就有了课堂纪律啊！规则是用来维护秩序的，破坏了规则就破坏了秩序，所以我们要遵守规则。"

我强化了孩子的规则意识。可是他的问题依旧没有解决："可是，如果我不回答同学的问题，同学对我有意见怎么办呀？"

这时候，我会试着和孩子一起解决问题，而不是自己给出一个答案。我可以这样说："咱们一起想想看，有没有什么好办法，既能维护课堂纪律，又不伤害同学感情？"

我相信孩子能自己想到解决问题的方法。其实，孩子有自己的处事方式，他们有他们的解决策略，我们不能小看他们。

孩子想了一会儿，可能会想到一个答案，说："有了！课堂上同学有问题时，我可以给他们做个事先约定好的手势，或者来个鬼脸，告诉他们下课后再解答。"

这时我只有双手点赞的份了。

通过这样一番沟通，我既和孩子交流了情感，教给孩子如何处理自己的情绪——把感受说出来；还启发了孩子遇事要换位思考——如果我是对方；又强化了孩子的规则意识——纪律必须遵守；更解决了问题。如此这般，孩子遇到的每一个问题，都能变成成长的契机。

发现了吗？真的不是我们的孩子难以沟通，而是我们不懂如何回应孩子，自己把门给堵上了。

技术接纳渗透在回应的每一步

上面的回应之所以顺畅，是因为在回应的每一步，都有技术接纳做基础。下面，我们具体拆分回应的每一步，了解技术接纳是如何在其中体现的。

步骤一：倾听

这是五个步骤中的第一步，也是最难做好的一步。

在成为一名心理咨询师的培训过程中，倾听的技术是需要专门练习的，因为我们都太擅长说了，根本不懂得如何去听。咨询者在描述自己接受心理咨询的过程时，也常常会说："他什么也没有说，一直都是我在讲。""我把自己最糟糕的感受和想法告诉了她，可是她竟然没反驳我，甚至连一句评论也没有。""我以为我说不出什么来，没想到噼里啪啦讲了1个多小时，我从来没有跟别人讲过这么多有关自己的事情。"

生活中相信每个人都有过这样的体验：如果遭遇了一件非常痛苦的事情，找朋友倾诉一下，心里就好受多了。

所以，当孩子回来向父母诉说时，父母首先要做好倾听。倾听本身就意味着接纳，具有疗愈作用。具体如何做，我们会在下面专门讲述。

步骤二：用描述性语言概括孩子的感受

这一步相当于给孩子一个"听懂了"的确认，让孩子感受到自己的感受被父母看到并全然接纳了。这一步需要注意的是，仅仅描述孩子的感受就可以了，不需要加上父母自己的意见、建议等信息。

比如，孩子回来气愤地跟你说："我再也不要和乐乐做朋友了。"父母可以这样回应："听上去好像乐乐惹你不高兴了。"这就够了，孩子会接着打开话匣子说明为什么。父母不需要唠叨诸如"你们不是好朋友嘛，好朋友要互相忍让"之类的大道理，这会让孩子很烦，也不愿意继续跟你说下去。

这个阶段，孩子只需要被看到和理解就可以了。孩子需要为自己的感受负责，需要学着处理自己的感受。我们将专注力集中在处理感受上，才更有利于问题的解决。

在我的班里，有一个孩子的爸爸长年在外地工作，妈妈作为全职妈妈和女儿单独生活。可以想象，孩子和妈妈都非常想念爸爸，也经常有孤独感。当孩子爸爸回来的时候，妈妈都会娇嗔地说："你看，你把我们娘俩扔在家里，也不管我们，这么长时间才回来一次。"每每这个时候，孩子爸爸都会抢着说："你以为我愿意在外面不回家吗？我辛辛苦苦地在外面努力工作，还不是为了你们俩呀！"每每听到这儿，这位妈妈心里都非常不舒服。她对我说："其实，我并不是在抱怨他。我只是想向他表达我们爱他，经常想他，想让他知道我一个人照顾孩子辛苦。我知道他说的是对的，但我心里就是不舒服。"

我听后对她说："你是想让他说：'是呀，你一个人在家照顾孩子，太辛苦了，我真希望能够每天回家，能够经常陪在你们身边！'虽然你知道他还是得出去工作，他每天陪在身边是不可能的。但只要他能这样说，就说明他懂你，你的内心会受到莫大的安慰，这就够了。"听到这儿，这位妈妈竟流出了眼泪。我知道，这才是她想要的回应。

步骤三：接纳孩子的感受

所谓感受，就是情感体验。我们的身体会让我们不断地产生一些感受。比如，当孩子在黑夜里行走，会自然地产生一种恐惧感；当孩子想买一个玩具而妈妈不允许时，孩子会产生一种挫败感；当孩子很想念妈妈，而妈妈又不在身边时，孩子会想念；而当妈妈把自己抱在怀里时，孩子会产生一种温暖和满足感；因为自己做了错事，妈妈对自己大发脾气时，孩子会产生巨大的恐惧感；当孩子第一次上幼儿园时，会产生一种恐惧感、孤独感和无助感。

感受是我们的身体在面对一些情况时产生的一种自然的感觉，它不受理性控制，没有对错之分，是需要被接纳的。

父母可以用这样的语言表示接纳："是呀，我知道。""嗯，我懂那种感觉。"或者干脆什么都不说，摸摸头、来个大大的拥抱，让孩子感受到被接纳。

接纳孩子的感受，意味着不着急消除孩子的感受，再陪孩子与那个感受待一会儿。比如，孩子很伤心，抱着孩子让他哭一会儿，允许眼泪自由地流淌，哭够了，孩子的情绪就会好起来。孩子很生气，可以陪他一起捶枕头、跺脚。

步骤四：启发或引导孩子自己解决问题

父母通常会小觑孩子的能力。以为小孩子什么都不懂，习惯于跟孩子灌输解决问题的方法，把自己的想法强加到孩子身上。比如，有的父母听到孩子回来说："小朋友把我的脸抓了！"父母就会特别着急，一边骂孩子："你怎么这么怂，让人给欺负了！"一边教孩子："下次他再抓你，你就咬他的手。"这样的回应掺杂了太多大人自身的经历。父母可能在自己的成长过程中曾经遭遇过类似的冲突，而没得到很好地消化。

其实，孩子在成长过程中难免会遇到与周围环境的冲突。作为父母，我们应该教会孩子去面对这种冲突，不用最坏的恶意去揣测别人，保护自己，同时传递一份善意给别人，甚至让孩子自己去处理反而会更好。

有个妈妈跟我分享过一个小故事，让我深受启发。她有两个孩子，老大是女儿，老二是儿子。女儿在上初中的时候，因为是圆脸，而且比较大，脸上还有些雀斑，同学们给她起了个绰号叫"黑芝麻饼"。每次听到同学们叫她黑芝麻饼，她都气得要死，回到家就要冲家人发一通脾气。爸爸妈妈也没有什么好的办法。倒是比她小3岁的弟弟有主意。有一次，弟弟跟姐姐说："你越生气，那些起绰号的人越来劲。你不生气，他们觉得没意思，就不叫了。下次别人再叫你黑芝麻饼，你就笑着说，你吃不吃呀？"果然，姐姐用了弟弟的法子，没有人再叫她黑芝麻饼了，因为姐姐不生气了，还能笑嘻嘻地跟对方玩。时间久了，大家也就忘了这茬儿了。

从这样一件小事中，我看到了孩子的力量。他们不是被动的没有能力的人，他们有着自己的思想和创意，甚至比大人更懂得如何处理人际关系。

所以，遇到问题，我们要意识到孩子是重要的参与者，甚至孩子才是问题解决者，我们一定要动员孩子积极地思考问题。我们可以回应孩子："嗯，那怎么办呢？"

孩子可能会说，"我也不知道怎么办"。这时候就需要你鼓励孩子，或者小心地给出你的意见抛砖引玉："你肯定会有你的方法。我这里有一个想法，可能不对，仅供你参考。"

在孩子开动脑筋想办法时，父母最好不要评价，让孩子觉得自己提出来的方法不行、不重要、没有价值，这样孩子会丧失兴趣，不愿再积极努力地想办法。父母可以这样回应孩子："嗯，你又想到了一个新的方法，谢谢你认真思考。先放在这，我们再来想想还有没有其他角度和方法？最后我们再来一起分析讨论。"

这一步的技术接纳体现在：接纳孩子想出的解决问题的方法。

步骤五：评估并实施

到这一步，再来共同分析上面提出来的意见哪个更具可行性，并商定如何付诸行动。

虽然这里写的是共同决定，但在这个过程中有商有量，达成一致最好。如果共同决定不了，父母还是要尊重孩子的决定。毕竟，这是孩子的人生，执行者是孩子本人，所以如何执行必须获得孩子的认可和同意，否则，再好的计划也没有太多的意义。

这一步的技术接纳体现在：尊重孩子的决定。

技术接纳的陷阱

有个家长跟我学了一段时间的接纳之后，有一天突然问我："老师，您不是说接纳才会让孩子更好地改变吗？为什么我都接纳他了，他还是不改变？甚至更过分了？"

我们说技术接纳，但其实这不仅仅是技术，只有观念接纳和技术接纳很好地融为一体，才能真正发挥接纳的威力。如果只有技术接纳，观念接纳做不好，这样的接纳就是虚假的接纳，孩子是能感受到的。

提出这个问题的家长只理解了技术接纳，没有理解观念接纳。他把接纳当作让孩子改变的一个手段，实际上内心并没有真正接纳孩子。

那么怎样判断父母是不是真的接纳孩子呢？通过父母的感觉来判断。父母觉得开心，那就是真的接纳，如果觉得不开心，那就是不接纳。

接纳的对立面是改变。不接纳就是排斥，排斥就是想改变，希望孩子变成自己心目中理想的样子。

改变本身就是对现实的抗拒。我不喜欢你现实中的样子，所以我希望你改变，我们在内心拥有一个"理想的小孩"，他只有做到这样，我才高兴。可以说，只要内心的这个"理想小孩"一日不除，父母就不可能真正把目光转向现实中的孩子，也就无法做到真正的接纳。

当父母不再盯着"改变"，眼睛里就看到了孩子，看到孩子真实的样子，孩子也就获得了真正改变的力量。所以，真相就是，当你真正放下改变的时候，改变就发生了。

重点回顾

♥ 回应分为五个步骤，技术接纳渗透在回应的每一步。

步骤一：倾听；技术接纳：接纳孩子的状态，认真倾听。

步骤二：用描述性语言概括孩子的感受；技术接纳：用语言接纳孩子的感受。

步骤三：接纳孩子的感受；技术接纳：陪伴孩子的感受。

步骤四：启发或引导孩子自己解决问题；技术接纳：接纳孩子的解决方法。

步骤五：评估并实施；技术接纳：接纳并尊重孩子的决定。

技术接纳要以观念接纳为基础，否则容易变成虚假的接纳。

感悟思考

♥ 技术接纳的五个步骤中，你认为最难的是哪个地方？应该如何改进呢？

技术接纳的核心：倾听

黑柳彻子的《窗边的小豆豆》里，有一段小林宗作校长倾听小豆豆说话的非常感人的描述：

小豆豆第一次见到巴学园的校长小林宗作先生，他面对小豆豆坐下来说："好了，你跟老师说说话吧，说什么都行。把想说的话，全部说给老师听听。"小豆豆开心极了，乱七八糟的，拼命地说着。校长先生边听边笑着点头，有时候还问"后来呢"。当小豆豆快要没有什么可说的时候，校长先生问："已经没有了吗？"有人愿意听自己说话，小豆豆怎么能错过这么好的机会呢？小豆豆想啊想，不断发现新的话题。当小豆豆绞尽脑汁再也找不到什么可说的时候，校长先生已经听小豆豆说了整整4个小时的话。在这4个小时里，校长先生一次也没有打哈欠，一次也没有露出不耐烦的样子。他也像小豆豆那样向前探着身子，专注地听着。

每每读到这些情节，我都觉得好暖心，小豆豆多么幸福啊，她遇到了一个认真听她说话的大人。

小孩子表达能力不强，有时会因为说不出来而着急。我们要给孩子充分的时间去组织语言，让孩子清晰完整地说明理由、表明想法和感觉、感受。

其实，大人认真听小孩子说话本身就是对孩子的肯定，这会给孩子鼓励，让孩子乐于表达，也深深地感受到被接纳。

倾听的力量

被倾听本身就具有疗愈作用

人总是渴望被听到。

你一定遇到过这样的情况：身边的某位朋友因为一些突发事件而陷入糟糕的情绪中，他找到你，然后开始对你倾诉，在这个过程中，你并没有多说几句话。你还在为自己没帮上什么忙而觉得惭愧时，你的朋友却对你说：

"谢谢你，我感觉好多了！"

"我知道我应该怎么做了，放心吧。"

"有你这样的朋友真好。"

这不是客套的礼貌，是真实发生的事情。实际上，很多时候，人们面对困难的状况在潜意识中已经有答案了，你的角色只是让他们勇敢地面对自己的内心，让他们的情绪得到宣泄，把寻找答案的过程捋清楚而已。

心理学家温尼科特的"抱持"理念以及比昂的"容器"概念可以给这种现象一个很好的解释。

许多时候，孩子只是需要一个安静的倾听者。倾听者的"安静"很重要。在接收到一个情绪后，倾听者很"安静"，就说明这个情绪没有什么大不了的，是可以被容纳的。在这样的容器中，孩子的各种情绪就得到了微妙地转化，从不可理解、不可接受变得可以接受。

所以，人们喜欢"树洞"。诉说的人把情绪倒进树洞里，树洞安静地接受了，情绪也就被容纳了。

倾听，让我们超越自以为是

在大人的世界中总是充满了自以为是，觉得自己似乎无所不知，无所不晓，但其实我们对这个世界了解的只是一小部分而已。尤其对于孩子的世界，我们更是知之甚少。儿童心理学的研究也不过一百年的历史，况且，每个孩子是如此的独特。我们怎敢说完全了解他呢？即使他是你的孩子。

只有倾听，才能让我们放下自以为是，真正走入孩子的内心世界。

这是一个感人的小故事。故事中的妈妈听了孩子的回答后差点泪奔。她庆幸自己没有粗暴地打断孩子，而是选择了倾听，否则，她将错失多么暖心的一段话啊！

倾听感受和需要

我们认为倾听很重要，但许多爸爸妈妈还是不懂，听，主要听什么呢？

有的父母不喜欢听孩子讲话，因为他们觉得孩子的话天马行空，有的很无聊，没有什么意义，有的就是一些琐碎小事。大人又总是很忙，没有太多时间和耐心听孩子这些不着边际的话。

也就是说，不是父母不愿听，而是父母不会听。

其实，听孩子讲话，主要是听孩子话语背后的感受和需求。孩子的表达能力有限，说起话来有时没有逻辑，或者吐字不够清晰，听起来很费劲。父母没有必要要求自己对孩子的每一字每一句都认真对待，但是父母一定要学会通过孩子的话发现孩子的感受，了解他们的需求。

如果父母学会倾听孩子的感受，给孩子的这些感受命名，这些感受就有了名字，就变成一个可以被观察、被了解、被认识、被消融的第三者，它们就与孩子剥离开了，而不再是缠绕在孩子体内的不可名状的感觉。这是情绪管理的第一步：识别并命名情绪。不要担心孩子听不懂你使用的有关感受的词，诸如伤心、生气、烦躁、难过等，事实上这正是教会孩子管理情绪的第一步。

一旦孩子知道他们正在经历怎样的感受，便能开始着手帮助自己。

但是，父母经常不重视孩子的感受，甚至否认孩子的感受。这会让孩子陷入孤立无援的境地，孩子会感到困惑和愤怒，以为自己的感受是不重要的，慢慢地，孩子会不再相信自己的感受。

孩子需要学会处理自己的感受。比如，孩子怕黑，如何处理这种害怕的情绪呢？如果父母说没什么好害怕的，这等于是把孩子一个人扔在害怕中自己离开了。如果父母说："哦，你害怕黑，害怕怪兽，我们一起来看看如何处理这个害怕的感觉。"这就和孩子同频了。孩子能感受到父母的支持和理解，也有了面对问题的力量和勇气。

有时，孩子的行为看上去不可理喻，那是因为他的观念错了，但是他的感受同样需要被接纳。

孩子不高兴了就躺在地上大哭的行为是不能被纵容的，也是需要被矫正的，但是孩子"不能立马得到满足的难过和失落"需要被理解。

图②中爸爸的回应没有看到孩子的情绪，这会加剧孩子的哭闹，或许他可以用暴力手段制止孩子哭闹，但那样的话，亲子关系就会受到威胁。

图③中爸爸的做法很得当，他愿意俯下身看这个哭闹、发脾气的小孩背后的感受。相信这个小孩在得到这样的回应后，会感觉好一些，他可能就自己拍拍屁股站起来，还会为自己的任性而难为情。

对有错误行为的孩子来说，如果父母仅仅停留在吼叫、呵斥的层面，无益于问题的解决。唯一的解决办法是：先接受他的感受，安抚他的情绪，然后矫正他的错误观念。

最好的倾听方式是看到即可，不做任何评价，不论表扬还是批评。

研究发现，如果老师当众批评了一个孩子，会伤害这个孩子的自尊心；

如果老师当众表扬了一个孩子，则伤害了其他的孩子。

　　我们在日常生活中，对孩子的评价太多了。家长时刻关注孩子在同伴中的表现是否优秀，老师也会经常对孩子们进行对比和评价，孩子时刻关注着自己的表现是否优秀，这给孩子造成了巨大的心理压力。

　　有一位妈妈，给我讲了他与儿子的故事。儿子在学校经常踢毽子，回家后，妈妈问他踢了几个。他自豪地说："10个！"妈妈说："怎么比以前少了？"儿子说："不少，我们班还有小朋友只踢了4个呢！"妈妈笑着问我："这孩子怎么不求上进了？"我反问："你向孩子传递的信息是什么呢？""怎么踢得少了"是一种否定，逼得孩子马上找出一个更少的，来证明自己还不错。

倾听的方式

被动倾听

　　做安静的倾听者，其实是在被动倾听。安静就是一种默许，一种接纳。当然，安静地倾听并不代表倾听者什么都不做，他需要用一些非语言的信息向孩子传达自己的接纳。

1.温和的态度

　　温和的态度意味着接纳，表达了一种善意和友好，当人们用温和的态度和语言与别人沟通时，会给对方一种非常舒适的感觉，如春风拂面，暖融融的，使人倍感亲切，在沟通双方之间建立一种友好积极的关系。反之，严厉、粗暴、对孩子发脾气，脸色难看，语气不够友好，孩子会产生不被接纳的感觉。一旦感受到不被接纳，孩子就会产生敌意和抵抗心理，接下来的沟通就不可能顺畅。

城城4岁了，有时候会做错一些事情。比如，早上他刷牙时玩水，把衣服的袖子弄湿了，妈妈看到后很生气，狠狠地批评了他，语气很严厉，态度很差，批评完看到他恹恹的、不知所措的样子，妈妈立刻后悔了，觉得自己应该好好地跟他说，而不是粗暴地对待他。

2.愉快的心情

孩子对父母的情绪是非常敏感的，他们希望看到妈妈开心。妈妈见了孩子很开心，孩子会认为妈妈愿意看到自己，是自己给妈妈带来了快乐，自己是有价值的，从而认可和肯定自己，产生一种价值感。反之，如果妈妈难过、不开心，或者爸爸妈妈吵架，孩子会认为是自己不好，才让妈妈难过，爸爸妈妈才会吵架，从而否定自我。

当然，父母也不可能一直快乐。上了一天班，体乏心累，回到家只想好好休息。这时候，如果父母不能保持愉快的心情与孩子互动，就要平和地告诉孩子："妈妈今天有点儿不开心，和你没有关系。是妈妈自己遇到了一些麻烦的事情，需要冷静一下，很快就会好的。"这样孩子就会安心，不会因为爸爸妈妈的负面情绪而担忧。

3.蹲下来

蹲下的不只是身体，最重要的是我们的心。父母蹲下来的这个动作，跟孩子传达的信息是：我与你是平等的，我愿意站在你的立场去看世界，我愿意试着感受你的感受。

蹲下来，父母能更加真实、准确地了解孩子的想法和需求。当我们真正做到与孩子平等交流时，孩子会感受到父母的关注与爱意，也会愿意把自己内心真实、细腻的想法讲出来，而不是去迎合家长的要求，压抑、隐藏自己内心的想法。

在我们传统的家庭文化中，父母是高高在上的，只有听话的孩子才会被接纳、喜欢和认可。而蹲下来，是打破不平等关系的最好方式。

4.拥抱

拥抱是实现接纳最有力的方式。身体是我们作为一个独立的个体所独有的，当身体被接纳了，就会感觉整个人都被接纳了。

有位妈妈跟我分享过一个有关拥抱的小故事：女儿要参加钢琴比赛，在赛前孩子紧张得满手是汗，这位妈妈就一直抱着孩子，给她鼓励："宝贝，不管你做得如何，妈妈都爱你，尽情去表演吧！"过了一会儿，孩子明显冷静下来，竟然超常发挥，拿了一个很不错的名次。

在孩子经历这些大场合的时候，父母的拥抱能给孩子满满的安全感和底气。平时父母多给孩子拥抱，也能让孩子愿意向父母敞开心扉，增加沟通的深度和亲密感。

5. 专注的目光

做父母的都有体会，孩子最喜欢说的一句话是："妈妈/爸爸，你看！"

孩子做了一件得意的作品、完成了一个小小的创举、自己穿好了衣服、学会了一个有挑战的动作、看见一个有意思的发现，一定会热烈地邀请爸爸妈妈过来参观。

孩子是那么渴望被看见，可是大人却往往意识不到"看见的重要性"。

其实不只孩子，我们又何尝不是在苦苦寻觅各种"看见"呢？渴望爱人看见我们的感受和需求，渴望领导看见我们的努力和付出，渴望亲朋好友看见我们的成就和真诚……

看见，代表关注。

当孩子跟我们说话的时候，如果我们专注地看着孩子，就仿佛在说，你很重要，你说的话很重要，我对你的话很有兴趣。孩子一定会像撒豆子一样叽里呱啦地跟我们诉说他们内心的故事。

孩子在做事的时候，如果我们在一旁看着，但是不干涉，这代表一种默许的态度，一种莫大的接纳和允许。孩子会在你的目光中安心地做着他想做的事情，他会感觉到被深深地接纳和支持。

6. 邀请式的语言

父母在全神贯注地听孩子说话时，可以不时地说出一些接纳式的语言鼓励孩子继续说下去。毕竟，一言不发也会让被倾听者疑惑：他有没有认真听呢？

而邀请式的语言会给到被倾听者以继续说下去的鼓励。比如："嗯。""哦。""这样啊……""继续说，我听着呢。""我想听听你的感受。""给我讲讲吧。""这似乎对你很重要。"这就像给对方打开了一扇门，邀请对方坐下来聊一聊。

镜子式的主动倾听

一个好的倾听者不仅能认真地听，还能用自己的话总结听到了什么，再反馈给被倾听的对象进行求证。在这个过程中，倾听者就像一面镜子，只是将听到的内容用自己的理解反馈回去，并不加上他本人的意见、建议等。这面镜子的作用是清晰地照出对方的所思所想所感，而镜子本身不带有任何的思想、感受。我把这种倾听的方式称为"镜子式的主动倾听"。

如何进行镜子式的主动倾听呢？

非常重要的一点是父母要把自己的个人情绪和意见保留在沟通的过程之外，只描述自己看到了什么，描述对方当下的状态、可能的感受和情绪，这样的回应不包含倾听者本人的任何想法、判断或情绪，而是邀请和鼓励孩子分享他自己的想法、判断或情绪。这为孩子开启了一扇沟通之门，且不会让父母夺走孩子的话语权。

许多人能做到用非言语信息表达接纳，但是一旦开头说话，就把接纳的门给关上了。

有的人一开口说话，就要试图表示赞同或者不赞同对方的看法，就要说出自己对事情的理解、分析，就要对对方表示安慰、同情，就要试图给出自己的解决方法或者建议，总之，"我"就开始变得重要，"你"就变得不重要了。当父母自己的信息侵占了整个谈话时，重心是在父母身上，而不再是全神贯注地关注孩子了。

而当我们感觉伤心、难过、生气的时候，我们最不想听的就是建议、道理、分析、看法等，那样只能让我们感觉更差。安慰和同情让我觉得自己可怜，提问让我烦，建议听上去有道理但往往没用，最让我生气的是说我不应该有这样的感觉！让我好起来或者说我不用为此烦恼，事实上，我就是产生了这些感受，而它们也需要得到认真的对待。孩子也是一样。

所以，父母要尽量避免使用以下几种句式：

①"你应该……"（说教）

②"你为什么不……"（提建议）

③"我建议你……"（提建议）

④ "人必须要分享。"（说教、讲大道理）

⑤ "你那样做很不成熟。"（评价）

⑥ "我不赞成你那样做。"（表示不赞同）

⑦ "我认为你是对的。"（表示赞同）

⑧ "因为……，所以你才……"（解释、分析）

⑨ "别担心，事情会解决的。"（安慰）

⑩ "所有的孩子偶尔都会经历这样的事。"（认同）

⑪ "你什么时候开始有这样的想法的？"（疑问）

⑫ "不谈这些了，咱们谈点高兴的事吧！"（转移话题）

这些话会让孩子产生这样的感觉：

① "你不在乎我的感受，不认为我的感觉很重要。"

② "你觉得我的感受是不对的。"

③ "你不接受我的感受，希望我能改变。"

④ "你认为这是我的错。"

⑤ "你认为我没有你聪明。"

⑥ "你不相信我能自己解决问题。"

不得不说，这很难。可是，这真的值得学习。被关注就意味着被重视。试想，当孩子感觉自己充满价值、受到尊重、备受重视、受到接纳、引起他人兴趣时，哪个孩子不会产生良好的感觉，从而敞开心扉去沟通呢？

重点回顾

♥ 被倾听本身就具有疗愈作用。被安静地倾听，就像是被妈妈抱着或者把情绪放到了一个容器中，情绪就变得可以被接受了。

♥ 倾听，可以让父母改变自以为是的心态，真正走进孩子的内心世界。

♥ 父母需要倾听孩子的感受和需求，帮助孩子给感受和需求命名，这是情绪管理的第一步。即便孩子的行为不当，感受也要被接纳。

♥ 好的倾听是看到即可，不需要被评价。

♥ 倾听分为被动倾听和镜子式的主动倾听。

♥ 被动倾听主要是用非语言信息营造接纳的氛围：1.温和的态度；2.愉快的心情；3.蹲下来；4.拥抱；5.专注的目光；6.邀请式的语言。

♥ 镜子式的主动倾听是指倾听者像镜子一样，清晰地照出被倾听者的所思所想所感，不掺杂倾听者个人的任何思想、感受。这要求父母只描述自己看到了什么，描述孩子当下的状态、可能的感受和情绪，而不发表自己的安慰、同情、建议、评价、看法等。

感悟思考

♥ 要做到镜子式的主动倾听是比较难的。回顾自己在给予孩子回应的过程中，你是否做到了放下自己，全然关注孩子？如果没有，是什么阻碍了你的倾听呢？

接纳的挑战

案 例

绘本《大卫，不可以》讲述了一个叫大卫的小孩，他站在椅子上拿糖，出去玩弄得浑身都是泥巴，洗澡的时候把水撒得满地都是，又光着屁股跑来跑去，把玩具散了一地，还在屋子里打球，结果把花瓶打碎了……妈妈一直都在说："大卫，不可以。"可是全书的最后，妈妈用她柔软的双手紧紧地把大卫抱在怀里，对孩子说："我爱你。"真的十分暖心。

这本书是在告诉孩子，他的一些行为是不被允许的，但妈妈的爱一直都在，他始终是被接纳的。

孩子犯了错，行为和观念上需要纠正，但父母的爱一直都在。这份爱，是孩子愿意改正错误的勇气和力量之源，也是父母需要用接纳让孩子感觉到的状态。

如果孩子表现好，接纳会比较容易。可是，当孩子表现不好的时候，比如，孩子犯了错误、不听话、叛逆、乱发脾气、胆小退缩时，这些不当的行为会勾起家长内心的许多情绪，接纳就变成了一种挑战。可唯有接纳，才能进入这些孩子的心。这一节，我们将一起接受这些挑战。

接纳犯错误的孩子

孩子犯错误了，还需要接纳吗？当然要！

父母接纳的是孩子的感受和需求，不是他错误的观念，也不是他错误的行为。只有先接纳了他的感受，看到了他背后的需求，我们再来帮助他纠正错误的观念和行为，孩子才会愿意配合。

曾经看过这样一个妈妈教育孩子的案例，妈妈的做法很值得学习。

一个叫轩轩的4岁小男孩，有一回，他从冰箱里拿牛奶，不小心把牛奶盒掉在了地上，牛奶流得满地都是。妈妈听到响声后来到厨房，看见满

地的牛奶，说："我从来没见过这么大的奶水坑。在我们清理它以前，你想不想在牛奶中玩几分钟呢？"轩轩真的这么做了。几分钟后，妈妈说："我们把它清理干净吧！可以使用海绵、毛巾或者拖布，你喜欢哪一种呢？"轩轩选了海绵，于是母子俩开始清理满地的牛奶。

当孩子把牛奶弄得满地都是时，轩轩妈妈不仅没有责骂孩子，反而让孩子在牛奶中玩耍。通过让孩子自己清理地上的牛奶，她把错误变成了孩子学习的机会。这位妈妈的做法等于告诉儿子：不需要害怕错误。犯了错，只要努力补救就可以了。

这位妈妈的接纳之术运用得炉火纯青，还会让孩子在奶水坑中玩一会！而许多父母在孩子犯错之后先是一通批评："不能小心点吗？告诉你多少遍了，总是不听。"孩子被指责，就会开始辩解："我不是故意的！"父母看孩子态度不诚恳，没有补救的意思，就会更加生气，亲子就会陷入相互指责的模式中。孩子心情不好时才不愿意补救呢，况且，孩子觉得自己已经挨骂了，也就赎罪了，不需要再做什么补救了。相信这不是父母希望看到的。

我们不希望孩子害怕犯错，也不希望他们在犯了错之后，因为害怕从而犯下更大的错误。

我们希望孩子在打翻了牛奶后，马上进入清理的模式，这样他会成长为一个不害怕犯错，能积极改正错误的人。他会专注于解决问题，而不是推诿责任。

我们希望孩子们可以勇敢地面对自己的错误，尽快改正，努力补救，争取下次不再犯同样的错误。

父母能做的，就是接纳孩子已经打翻了牛奶的事实，并且递上那块能擦干牛奶的海绵。

接纳叛逆的孩子

很多家长都有疑问，我们总是接纳孩子，是不是太消极，显得自己很没有力量。其实，情况恰恰相反。当父母反复地、强硬地要求孩子时，孩子会非常反感。当孩子情绪不好时，一般是不愿意配合的。所以，不是孩子太叛逆，而是父母没有做好接纳。

当父母接纳孩子，开始欣赏孩子，让孩子的内心感觉足够好时，孩子一般愿意配合，而且还会主动约束自己，自主地按成人的要求去做。这种自主做事的感觉，孩子才会舒畅。就像那个经典的故事：

太阳和风争论谁更有力量。风说："当然是我。你看下面那穿着外套的老人。我打赌可以比你更快地把他的外套吹掉。"说完，风使劲地对着老人吹，恨不得一下子把外套吹下来。但它越吹，老人把外套裹得越紧。风吹累了，太阳从云层里钻出来，暖融融地照在老人身上。没多久，老人便开始出汗。不一会儿，老人便把外套脱了下来。太阳对风说："尊重、温和，永远胜过激烈、狂暴。"

这就是对接纳的力量最好的诠释。接纳孩子的感受，顺势而为，是对孩子最有影响力的教育方法。父母一定不能强迫孩子，因为没有人愿意被强迫，你只能影响他。我曾经多次用接纳的方法让孩子自主改变，屡试不爽。

在一个中学生夏令营里，早餐时每人都会有一个煮鸡蛋。有个初二的女孩有些叛逆，也很敏感，无论别人要求她做什么，她都要反抗，还爱表现自己，所以一直宣称自己不喜欢吃煮鸡蛋。我感觉她是在故意证明自己，在挑战些什么。所以，有一天的早餐桌上，我对她说："昨天我们学习了'改变，为了梦想'，你今天把鸡蛋吃了呗，挑战一下自己。"她马上说："不行，我从小就不喜欢吃煮鸡蛋……"我一听，马上说："如果你真的不喜欢，也没有关系。这是你的事情，你自己决定，你想吃的时候再吃吧。"说完，我岔开话题聊一些别的事情。过了一会儿，就听到她自顾自地说："我想，我还是把鸡蛋吃了吧。"我马上说："好呀。"在满桌人的注视下，她很快把一个煮鸡蛋吃完了。我向她竖起了大拇指，她成功地挑战了自己。

父母接纳孩子，才会让孩子内心感觉良好，然后乐于约束自己，承担责任。我们要相信孩子，他们知道自己该怎么做。

想让孩子改变，采取强硬的方式是不行的。你必须先顺势而为，才能让孩子愿意接受你，进而接受你的建议和要求。很多时候，不是孩子不想听大人的话，也不是孩子认为父母说的不对，而是父母那种恶劣和不接纳的态度让孩子产生了消极情绪，是父母态度中显露出来的对孩子的否定让孩子开始进行防御。孩子是独立的个体，是有自尊心的。父母不尊重孩子就等于在否定孩子，孩子是很难接受的。

想想也是，成人之间或朋友之间有错误时，我们会委婉地提出来，而不是采取粗暴的方式，为什么我们不能对孩子这样做呢？父母面对孩子犯的错误总是直来直去地批评，一点儿也不讲究说话的艺术，也不考虑孩子的内心感受。如果说我们对待成人和朋友是抱着一种平等和尊重的态度，那我们对待孩子则没有本着平等和尊重的态度。父母总是倾向于认为孩子还小，对孩子说得轻一点儿、重一点儿没关系。这种观念本身就没有把孩子看成一个具有独立人格的人。实际上，孩子非常渴望父母对他的接纳、认可和肯定，因为孩子的内心还没有形成明确肯定的自我评价，他们需要从父母的接纳和认可中来确认自己和接纳自己。

接纳发脾气的孩子

许多父母跟我说，孩子脾气大，就像个炸药包，一点就着。买不到想要的玩具就躺地上撒泼；摞了半天的积木不小心被碰倒了，就气得跺脚、大哭；想要一个东西父母不拿给他，就打人、摔东西……总之，稍微一点点不如意就能让他哭闹很久，哄也哄不好。

孩子的哭闹往往能激发父母自身的情绪，或着急，或无助，或愤怒。孩子哭闹得越厉害，父母的情绪就越强烈。父母面对孩子的哭闹一般都有点不知所措，会急于消除孩子的情绪，息事宁人，这时有的父母就会强行压制孩子的哭闹，大声呵斥或者直接动手。

其实，在责怪孩子脾气大之前，许多父母缺少了一项重要的功课，那就是接纳孩子的情绪。

孩子哭闹背后的情绪是愤怒。

情绪没有好坏，情绪是保护我们的。愤怒这种情绪非常重要，一般在我们感到生存或者安全受到威胁时，会感觉愤怒，它会让我们产生一种力量，帮助我们去应对威胁。比如，老虎在领地遭受侵占时，它会愤怒，这种愤怒会在某种程度上吓退入侵者，也能让老虎积聚力量去和入侵者战斗。对孩子来说，当他们的需求得不到满足时，也会产生愤怒的情绪，并通过愤怒来表达自己的不满。

以下几种情况会激发孩子的愤怒：

① 身体受到伤害。

② 恐惧。许多愤怒看上去很强大，实际上背后的情绪是恐惧，因为他们感受到了威胁，不论是人身安全方面还是精神价值感方面，都会让孩子产生恐惧，进而演化为愤怒。

③ 需求没有得到满足。这是孩子最常见的愤怒来源。还没玩够就要被爸爸妈妈叫回家吃饭；想要吃糖，可爸爸妈妈因为担心蛀牙而拒绝；想买玩具，可爸爸妈妈因为太贵没给买……这些都会让孩子的愿望受阻，从而大发脾气。

④ 挫败。比如，孩子想搭一个积木，可怎么都搭不好，孩子感觉挫败，就会发脾气。

⑤ 感到不公平。二胎家庭中，孩子很容易感觉爸爸妈妈的爱分配不均，从而产生愤怒。

了解了上面容易激发孩子愤怒的五种情况之后，父母是否觉得愤怒其实很合理呢？

但哭闹属于发泄愤怒的方式，属于行为层面，需要从行为层面予以对待，不属于接纳的范畴。

我儿子小的时候，晚上吃完饭我们经常到家旁边一所大学的操场散步。有一天，他突然拦在操场门口不让人通过。他想玩刷卡进出的游戏，需要进出的人假装刷卡才让通过。晚上来操场散步的人很多，眼看着两边进出的人越来越多，我跟着着急起来。我好说歹说让他松手，他就是不松，后来我情急之下，硬把他的手掰开，抱离了操场门口。儿子大哭起来，对着我又捶又打。

我用一只手攥着他的两个手，不让他打我，用另外一只手抱住他，他拼命挣脱，也没成功。折腾了几分钟，他累得没劲了，软了下来。

这时，我才跟他说："刚才你想玩刷卡的游戏，可是妈妈却把你抱开了，你很生气，对吗？"

儿子气得说："坏妈妈！"

"嗯，妈妈没让你玩那个刷卡游戏，你非常生妈妈的气，觉得妈妈很坏。"

儿子气哼哼地不理我。

我抱着他，温柔地说："妈妈刚才看到门口聚集了很多人进不去出不来有点儿着急，这是公共场合，我们这样堵着路口是不对的。"

儿子若有所思，但还是不理我。

"我知道你想玩刷卡游戏，要不我们换个只有咱俩的地方玩，行吗？"儿子点了点头。之后我们来到跑道上，假装跑道是门，继续玩起了刷卡游戏。

愤怒是一股非常强大的力量，需要出口发泄。这时，最好不要说话，先让他把情绪发泄出来。在上面的故事中，我攥着他的双手防止他打我，用另一只手死死抱住他，他拼命想挣脱，通过这个挣脱又逃不掉的过程，孩子的愤怒得到了宣泄。等孩子冷静下来后，我才表达对他情绪的接纳，看到并理解他的愤怒。同时，我也表达了自己这么做的缘由，并提出了替代满足的方案，孩子这才接受了。

只有接纳发脾气的孩子，看到孩子背后的愤怒，并帮助孩子把愤怒宣泄出来，孩子才会走向合作，并且健康地成长。

接纳胆怯的孩子

父母总希望孩子大方、开朗，可偏偏有一部分小孩胆子很小，十分敏感，在外面的时候总是往后退。明明是别人抢了他的玩具，他也不敢要回来；想加入小伙伴的游戏，也总是不敢说；见了人怯怯的，让叫叔叔阿姨也总是往大人身后躲；有的还十分黏人，一旦和妈妈分开就大哭。这样的孩子似乎总是被一团阴云笼罩着，让父母很头疼。

其实，这样的孩子一般是缺乏安全感。可能在他们还是婴儿时，妈妈的陪伴不足，没有建立起很好的母婴依恋。许多父母做不到接纳，因为这样的孩子跟他们内心中理想小孩的模样差太远了。可对于这样的孩子，唯有接纳，才能给他们力量。接纳就像光一样，照亮这些孩子的内心世界，赶走他们心头的阴霾。

有一个5岁的小女孩叫石榴，上中班了。每次妈妈送她去幼儿园，她都哭哭啼啼。幼儿园老师说，石榴很乖，没有好朋友，老师让做什么就做什么，缺乏主动性，总是感觉没精打采的样子。她有一个小熊玩具，走到哪儿都要带着。有一次，妈妈觉得实在太脏了就给放洗衣机洗了，结果石榴差点哭晕。在家里，石榴也并不放松。她想吃东西，也不敢直接跟妈妈要，扭扭捏捏的就像是在别人家一样。

石榴明显是缺乏安全感。我跟她妈妈聊，发现石榴小的时候因为没人照顾，被送到了乡下的奶奶家。爸爸妈妈每周回去看她一次，等她3岁要上幼儿园了才接回来。

我跟石榴妈妈说，石榴从小不在爸爸妈妈身边长大，缺乏安全感。爸爸妈妈一定不能训斥她，相反，她需要很多很多的爱才能弥补缺失的安全感。这个爱就是接纳。接纳孩子现在的状态，接纳是改变的开始。

我建议石榴妈妈每天晚上临睡前跟孩子玩一些亲昵的游戏，比如抱抱、挣脱、骑大马等，没事多跟孩子抱抱，抚摸她的身体，孩子提出什么要求，尽量少说"不"，实在不能满足的也说明理由。尊重孩子的紧张、害怕，不要硬把孩子往外推。

接纳的力量真是无穷大。过了大概半个月，石榴妈妈跟我说，石榴每天晚上跟爸爸妈妈玩疯了，累得不行才舍得睡觉。孩子整体状态都发生了很大的变化。最奇妙的是，她竟然愿意让小熊躺在家睡觉了！

再一次见证了接纳的力量，我很高兴。这也让我进一步相信，解决孩子问题的基础就是接纳。

重点回顾

♥ 孩子犯了错仍然需要被接纳。接纳是让孩子不怕犯错，敢于承担责任、努力补救错误的勇气之源。

♥ 叛逆的孩子需要被接纳。孩子内心感觉好时才愿意配合，自主地做事，任何人都强迫不了。只有顺势而为，以接纳为基础，才能真正促使一个人改变，走向合作。

♥ 发脾气的孩子需要被接纳。孩子的愤怒情绪需要被接纳，但是发脾气的方式需要调整。愤怒是保护我们的力量，接纳孩子的愤怒，让情绪有一个出口，孩子才能走向健康与自信。

♥ 胆怯的孩子需要被接纳。胆怯的孩子往往缺乏安全感，父母接纳孩子的状态，努力补足孩子的安全感，孩子才能真正变得阳光和自信。

感悟思考

♥ 在你的家里，有哪些接纳方面的挑战呢？不妨写下来，再认真想想如何更好地实践接纳吧！

Part 5

第五章

回应 "正在发生"
的行为

不以规矩，不能成方圆。

——孟子

为行为设置规矩和界限，就像为玩耍的地方设置围栏，这会带给孩子安全感。

"正在发生"行为的类型划分

曾有这样一则小故事：

我第一次带儿子牛仔去美国的时候，他只有1岁半。凌晨5点就去赶国际航班，偏偏到了西雅图又是当地的凌晨。当天傍晚，我们和两个美国朋友一起去餐馆吃饭的时候，牛仔突然大哭，怎么哄都不行。我突然想起，因为时差的关系，他肯定是想睡觉了。周遭并没有人抗议，但我的朋友却皱起了眉头。他请求服务生把我们的食物全都打包带走。因为在他们看来，影响别人是非常不礼貌的行为，即便他只是一个1岁半的婴儿。

相比我们对孩子生活上无微不至的照料，美国人对孩子的关注点似乎大相径庭。就拿吃饭来说，中国家庭常常挖空心思地琢磨如何让孩子多吃点，但美国人认为，孩子吃多少应该由他自己决定，哪怕他们知道应该多吃点蔬菜，但很多孩子都不愿意吃，父母也不勉强。他们更关注的是孩子在餐桌上的规矩，比如吃饭必须在餐桌上，不能端着碗到处乱跑，喝汤的时候不能发出声音，即便不小心打了个嗝儿也要赶紧道歉。

我们常说的"没有规矩，不成方圆"，经常以"孩子还小"为由大打折扣，却被美国的很多家长身体力行着。当我们倾尽全力之后却发现，孩子越大问题越多，与其责备孩子，不如从自己、从成人的世界里去找找原因。

现实生活中，经常出现的是应该限制的行为不限制，不该限制的行为被限制，这阻碍了孩子基本需求的满足，限制了孩子能力的发展，造成许多孩子出现这样那样的成长问题。对于一个正在发生的行为，家长是允许还是制止呢？其实，这需要根据不同的行为类型来采取相应的措施。如何将孩子各种各样的行为归类呢？这一节，我们就此进行尝试。

行为类型划分依据

养育一个孩子，家长不得不对孩子正在出现或者将要出现的各种行为进行回应。

有的行为要给予鼓励，允许孩子反复不断地去做；有些行为要制止；还有些行为要适当约束或者经过变通允许孩子做。为了让父母更容易操作，我们把孩子正在进行或者将要进行的行为划分为四种类型，以便于父母在日常生活中根据具体情况来划分孩子的行为类型，并恰当地回应和处理。

我们先来看一下象限图（见下页）。横轴是"条件具备或损失可忍受"，是物质（现实）层面的，也是我们实际上可以接受孩子行为的限度。竖轴是"教育观念允许"，是精神层面的，也是我们观念上是否认可孩子行为的动机，认可孩子行为的合理性。这两个轴进行组合，就产生了孩子的四种行为类型：赞许型（观念允许且条件具备），替代型（观念允许但条件不具备或损失不能忍受），制止型（不认同也不能忍受），限制型（不认同但可以忍受）。

横轴是"条件具备或损失可忍受"。"条件具备"是指客观条件或者现实条件是否能够满足孩子的要求。如果客观条件或者现实条件允许，没有什么其他损害或不恰当，也不违反社会的秩序和规范，孩子的行为是可以做的，这就是"条件具备"。如果孩子行为可能会带来一些损失，造成物品的损坏或浪费，但这种损坏或浪费家长可以忍受，这就是"损失可忍受"。

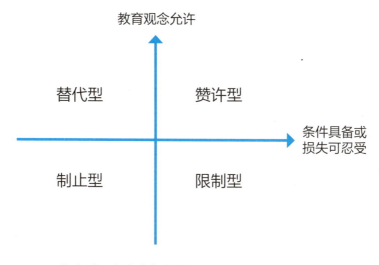

儿童"正在发生"行为的四种类型

竖轴是教育观念允许，其中的观念指的是家长的教育观念。教育观念许可的行为，是被家长认为符合社会规则和道德要求，对孩子自身发展有利的，能够帮助孩子健康发展的行为。

横轴和纵轴确定之后，四个象限分别对应四种不同行为类型。

横轴的上方，是赞许型和替代型，从家长的教育观念来说，这些行为都是被允许的。这些行为为孩子生命成长的需求所驱动，需要被满足。

横轴的下方，是制止型和限制型，从家长的观念来讲，这些行为是不被允许的。比如孩子把贵重的东西损坏了，或者孩子的行为不符合社会规则的要求，再比如吃完东西后，他把果皮扔得客厅里到处都是，干扰了其他人的活动。

竖轴的右侧，是赞许型和限制型，都属于条件具备，或者有一些损失，但在可忍受的范围内。

竖轴的左侧，是替代型和制止型，共同特点是：条件不具备，孩子如果做了这种行为，可能会干扰别人，或者带来一些比较重大的损失，是家长无法忍受的。

如何划分孩子的行为呢？拿孩子要吃冰激凌为例。假如家里正好没有，而且也没地方买（比如冬天一时不容易买到）。根据我们的象限，这就是"条件不具备"，这种行为应该把它划分到象限的左侧，即"替代型"或"制止型"。那么吃冰激凌应该是"替代型"还是"制止型"呢？这还要看竖轴，即家长的观念是否允许。如果家长认为吃冰激凌是孩子的一种需求，应该被满足，但家里没有，正好也没法买到，现实条件不具备，但家长可以在家里用冰箱帮孩子自制冰激凌，那么这就是"替代型"行为。而如果家长认为冰激凌吃多了，对脾胃和牙齿不好，不利于孩子的身体健康，那么这就是"制止型"行为。

四种类型

介绍完行为类型的划分依据，下面我们针对四种类型分别详细解释。

赞许型行为

赞许型行为是指符合家长的教育观念，而且现实条件也允许的儿童行为，是家长期望孩子经常出现的一些良好行为。但这种行为是不是真正有利于孩子健康发展呢？这要看家长的教育观念是不是正确。家长了解孩子

健康成长的发展规律，教育观念相对正确，才能给予孩子正确的引导。

在日常生活中，如果小孩子做的很多事情是被允许的，对他自身的成长也是非常有利的。比如，

孩子在很小的时候就有独立吃饭的欲望，不让父母喂，自己拿着勺子吃。虽然他吃得不好，但对他的动手操作能力、手眼协调能力、独立性等方面有非常大的促进作用，家长应该允许这样的行为。而且在现实条件下，饭即使撒掉，也不会造成太多损失，在家长可接受范围内，这种行为就是赞许型行为。

孩子在家里看书、玩积木，帮助家长擦桌子、打扫卫生等行为对孩子了解现实生活、增加生活经验以及自身协调能力都有一定的好处，都属于赞许型行为。

替代型行为

替代型行为是指孩子的行为符合家长的教育观念，但现实条件不具备，孩子的行为可能会有危险，或者给他人带来一些困扰和麻烦。

这些行为在孩子实际成长的过程中经常出现，如果强行制止，会阻碍孩子成长需求的满足，从而限制孩子的发展；如果允许，则会对日常生活或他人和孩子本身造成一定的危害或麻烦。所以，这种行为需要家长运用教育智慧，通过改变环境和条件满足孩子。

替代型行为在生活中很常见。比如，小孩子都喜欢在地上爬来爬去。如果孩子在垃圾箱旁边等不卫生的地方爬，家长会无法接受。所以，让他换个地方爬，是很好的策略。

再比如，下雨天，孩子喜欢到外面踩水。如果他正好穿了一双新鞋，父母并不想让这双新鞋被水弄脏，这种情况算是现实条件不具备。但父母知道孩子喜欢玩水，认为玩水可以增加孩子的生活经验，是教育观念允许的。这时，家长就可以找一些替代的方法，比如回家换一双雨鞋，就可以让孩子自由自在地玩了。

有时候孩子会做一些危险的动作，比如在马路边上跑来跑去。孩子本身

都是喜欢运动的，喜欢跑来跑去也很正常，但在马路边跑离汽车比较近，危险性较高，家长可以引导孩子到安全的地方进行跑跳活动。这类行为，都属于替代型行为。

根据调整的内容不同，替代型行为主要分为三种：

调整时间型：比如爸爸睡醒之后才能玩玩具手枪；吃完饭才能吃巧克力。

调整地点型：比如可以在厨房玩水，不能在客厅；可以在院子里跑，不能在卧室跑。

调整对象型：比如可以打沙袋，不能打小朋友；可以玩塑料碗，不能玩瓷碗。

制止型行为

制止型就是不符合家长的教育观念，同时家长也不能忍受的行为，这种行为会造成比较大的危害，同时也不利于孩子自身的成长，所以要坚决制止。但制止后会引发亲子之间的矛盾冲突，产生权力争斗，需要家长及时处理，避免后遗症。

制止型的行为较少，大部分可以转化为替代型。但有一些情况必须立即制止。

1. 紧急的危险行为

比如孩子在有许多车的马路上跑来跑去，需要立刻制止。

再比如，孩子打人或者被打。这些伤害身体的行为在任何时候都是不被允许的，都需要及时制止。

2. 扰乱秩序和干扰别人的行为

遵守公共秩序和不能随便打扰别人是我们必须要教给孩子的社会公德，是公民的基本素质。如果孩子在公共场合大声喧哗，不遵守公共秩序，或者影响别人休息，随意干扰别人，必须立即制止。正确引导孩子在公共场所的行为，是父母必须做到的。

儿子2岁时，一次我带他坐双层的15路公交车。他很高兴，一定要爬到第二层上去。车上人很多，他爬到第二层后，有个年轻的小伙子给他让了座，他就爬上去坐下了，很有自豪感的样子。然后拉着我说："妈妈，你也坐下。"我说："人很多，没有座位了，你自己坐就行了。"这时，他突然冲着坐在他旁边的那个人说："妈妈，让他走。"那个人一听，就站起来对我说："你坐吧，我很快就要下车了。"我一听，马上制止他说："不行，小孩子不懂事，还是你坐。"然后低头对儿子说："公交车是公共场所，这些座位谁先来谁坐，你不能要求叔叔走开，这是不对的。那位叔叔看你小，给你让座，你要谢谢叔叔才行。"

这是一个非常好的教育契机，我必须教会孩子遵守公共秩序和规则，不能养成他自我中心的思维方式，更不能影响别人。

3. 随便拿别人东西的行为

不管出于什么原因，没有经过别人的同意，随便拿别人东西的行为都需要立刻制止。比如，小朋友一起玩的时候，看到别人的玩具自己特别喜欢，有的孩子会忍不住拿来看，爱不释手就揣进了自己的口袋。这种行为必须立刻制止，并且要向孩子说明拿别人或家中的东西要征得别人或家人的许可，绝对不能随心所欲。金钱也是如此，向父母要钱要告诉父母，偷是绝对错误、坚决不允许的。

　　有的家长不注意孩子的这种问题。有一次带儿子去家附近的一个社区小公园玩，看到一个孩子大哭。原来一位奶奶领着孙子，孙子看中了另一个孩子的童车，非说那个车是他的，非要那辆童车不可。那个孩子不给他，他就大哭着去推那辆童车，几个人都拉不住，吓得有童车的那位家长赶紧推着车子带孩子走开了。听那位奶奶讲，这个孩子从小就霸道，带他到菜市场去，他看中了什么拿着就走，他妈妈跟在后面付钱，不让拿就大哭。看中了什么好东西，一定要给他才行。

　　听到这儿，我马上想起，我儿子刚会走的时候第一次去菜市场也非常兴奋。看到红红的圣女果，感觉很好玩，上去抓了两个就走。这时，跟在后面的奶奶高兴地说："这小子，能自己拿东西了。"我马上要求儿子把东西放下，告诉他："那是阿姨的东西，你不能随便拿，如果你想要，得花钱买。"可儿子死死地抓着不放手，甚至想哭。奶奶一看马上说："拿着吧，我给人家钱就是了。"我一看马上耐心地给儿子讲："现在这些圣女果还是阿姨的，你不能拿走。如果你想要，我们可以拿钱买，买下来的圣女果就是咱的了，你就可以拿走了。"接着我掏出了钱，告诉他用这个买。儿子听得似懂非懂，但他听到最后是可以拿走的，还是把圣女果放在自己脚边，疑惑地看着我们。我们问了卖圣女果的阿姨多少钱一斤，让她称了一斤放到袋子里，付了钱，然后清楚地告诉儿子："我们已经买了这些圣女果，这些是我们的了，你可以拿走了。"我特别强调了"买"这个字，把小袋子放到他手上，示意让他提着走，儿子很高兴。从此以后，儿子很快就学会说"买"字了，一看到自己想要的东西，就指着说："买，买。"但他不会随便上去拿了。

我用这样的方式让孩子学会了物权关系，学会了不能乱动别人的东西。前面那个小孩的父母就是在这个环节上没有处理好，让孩子以为自己喜欢的东西都可以随便拿走。这是父母教育的缺失。

限制型行为

限制型行为是不符合家长的教育观念，但家长可以忍受的行为。

孩子有些行为不符合家长教育观念但又无法完全禁止。比如长时间看动画片、吃太多糖果、喝很多碳酸饮料。长时间看动画片会影响孩子的专注力发展，对孩子的视力也不好。过多吃糖和喝碳酸饮料对牙齿不好，对孩子的大脑发育也有不利影响，这在许多家长的教育观念中是不被允许的。但是哪个孩子不爱看动画片呢？哪个小孩又不爱吃糖和喝饮料呢？所以，这些行为无法完全禁止，但为了避免对孩子造成伤害，还是要保持在一定的限度之内。

所以，家长要进行一定的限制。比如，看动画片一次不超过20分钟。一天只吃一颗糖，吃完赶紧漱口。在限制的前提下尊重孩子的天性，如此，孩子的需求和父母的需求都得到了满足。

　　我们生活在现实的社会中，由于经济条件限制、时间限制、家长精力限制等，我们经常需要限制孩子的行为，这渗透在生活的方方面面：

- ◆ 日常作息时间

- ◆ 看电视、玩手机的时间

- ◆ 出去玩耍的时间

- ◆ 承担家务

- ◆ 写作业

- ◆ 零花钱

重点回顾

♥ "正在发生"的行为类型可分为四种：赞许型、替代型、制止型、限制型。
赞许型行为是指符合家长的教育观念，而且现实条件也允许的儿童行为，是家长期望孩子经常出现的一些良好行为。

替代型行为是指孩子的行为符合家长的教育观念，但现实条件不具备，孩子的行为可能会有危险，或者给他人带来一些困扰和麻烦。需要家长运用教育智慧使条件具备才能满足。

制止型行为是不符合家长的教育观念，同时家长也不能忍受的行为，这种行为会造成比较大的危害，同时也不利于孩子的健康成长，所以要坚决制止。比如，紧急的危险行为、扰乱秩序和干扰别人的行为、随便拿别人东西的行为。

限制型行为是不符合家长的教育观念，但家长在一定程度上可以忍受的行为，它渗透在生活的方方面面。

感悟思考

♥ 试着找出四种类型分别对应孩子生活中的哪些行为，每种类型至少列举三种行为。

♥ 遇到一个新的行为，父母别着急做出反应，先试着分析行为类型。

回应赞许型行为

蒙台梭利在《童年的秘密》中写过这样一个案例：

　　一个3岁大的小女孩不停地把一系列的圆柱体放进孔中，然后又从孔中取出。这些圆柱体大小不同，正好与木板上大小不一的孔相应，就像软木塞盖住瓶口一样。我惊讶地看到，那么年幼的儿童能如此聚精会神一遍又一遍地进行这项练习。这个小女孩在速度或技能上并没有显示出进步，只是在重复而已。我决定看看她能在这种工作中专心到何种程度。我告诉教师让其他儿童唱歌和到处走动，但这丝毫没有干扰她的工作。随后，我轻轻地抬起她正坐着的椅子，同她一起把它放在小桌子上。当我抬起小椅子时，她一把抓起正在操作的圆柱体，把它们放在自己的膝盖上，仍然继续她的工作。这时我开始计数，她重复了42遍才停下来，仿佛从梦中醒来并愉快地微笑着。她的眼睛炯炯有神地环顾四周，似乎还没注意到我们的各种花招。

从这个例子可以看出，正在玩蒙氏教具的孩子处于一种专注、沉静、踏实的状况中，她的内心充满一种从内而外的喜悦。在这个过程中，孩子的能力得到了发展，属于赞许型行为。

赞许型行为是孩子的行为本身符合其内在生命发展的需求，是家长教育观念认可的、时间场合也恰当，可能有点损失但家长完全可以接受或忽略的行为。

也就是说，赞许型行为有两个特点：

（1）它对孩子自身的发展是有好处的，有利于孩子身心健康成长。

（2）符合社会规范，不会损害别人的利益，现实物质条件允许。

因此，这样的行为是父母十分喜爱的，不仅允许，还要鼓励其发生。

对待正在发生的赞许型行为，家长最好采用不干扰、不评价、观察、引导的方式来回应，过多的干预反而破坏了孩子做事的兴趣。

不干扰

孩子在进行一个赞许型行为时，家长不要过多地去干扰。比如，孩子正在安静地读书，这时候家长不要总跟他说话；孩子在搭积木，搭得很专注，家长不要去干扰；孩子要求自己洗袜子，就让他自己去做，也不要轻易打扰。

不干扰就是一种默许。孩子会在父母的默许中自由地体验着、投入着。

投入是快乐的，孩子在投入的过程中，能够真正地沉浸在自己做的事情中，与当前的事物深度链接，产生一种叫作"心流"的感觉。在这种感觉中，他会忘记周围的事情，忘记自我，时间仿佛静止了，完全沉浸在手头的任务上。在这个过程中，孩子体验到了意志感与自我价值感的和谐统一，是非常美妙的一种感觉。相信父母也都体验过这种感觉。在你投入做一件事情的时候，忘记时间、忘记烦忧、忘记自我，只专注在眼前的事情上。

但是，父母往往意识不到要尊重孩子的这种投入，更别提为孩子营造一个投入的环境了。

父母的眼睛总是更关注结果。他们担心孩子做不好，或者做错，这时父母最常犯的一个错误就是站出来扮演指导者的角色，指手画脚。父母觉得这样是在帮助孩子，可实际上，这样的指导反而破坏了孩子的投入，使孩子无法自如地去体验。父母创造了一种紧张的感觉，让孩子开始担心做错或做不好，使他失去探索的兴趣。孩子搭积木的时候，家长会有这种感觉，总觉得孩子搭得不好，比如孩子把小的放在下面，大的放在上面，这样可能会不稳，或者孩子只是反复地搭一种形状，家长觉得可以搭得更丰富，总是试图去指导他，这样都会干扰孩子。

有一个意味深长的小故事，充分说明了这个道理。

村里有位捕鱼的老人，因为捕鱼技术特别好，人们都称他为"渔王"。令渔王伤心的是，他儿子的捕鱼技术十分平庸。

渔王向一位路过他家的客人抱怨自己的苦恼："从小开始，我就手把手地教他怎样撒网，怎样捉鱼。我把自己多年总结的经验一点不漏地传授给他。可令我想不通的是，他的技术还不如其他渔民的儿子。"

客人听了，想了一会儿，问："他每次出海你都跟着吗？"

"那当然！"渔王说，"为了不让他走弯路，我一直在他旁边教导，亲自指挥他捕鱼。"客人点点头，说："这就是了。你虽然教给他一流的捕鱼技术，却忘了让他自己去吸取经验和教训。要知道，无论干什么事情，经验教训和知识技术同样重要。"

你应该往那边撒网！

所以，家长一定要放下完美主义的心态，要知道，犯错也是孩子学习的过程。允许孩子自己去体验，去犯错，让孩子在犯错中成长，而家长要做的就是在一旁默默地看着，不干扰。

哪怕孩子做错了，比如洗衣服没有洗干净，或者搭积木的时候因为不稳定倒了，孩子会从错误中学习和体验，知道应该怎样做才更好。如果家长有趋于完美的心态，总想让孩子做到最好，那么你的期许就太高了。这样的期许会让孩子失去挑战的意愿，因为孩子根本无法满足家长的要求。即便你把全部的技巧都交给孩子，孩子也不可能达到成人的水平，因为孩子控制动作的能力大多弱于成人。

家长能做的，就是接受孩子的状态，让孩子按照自己的节奏、能力，勇敢地去探索、尝试，去享受这个探索和体验的过程。可以说，家长只有鼓励的义务，没有干扰的权利。

不评价

有句教育名言：数子十过，不如奖子一长。现在越来越多的父母意识到，要更多地表扬，而不是批评孩子。因为家长发现，孩子受到表扬后，做事的积极性大增，而批评会造成孩子的自信心受挫，失去努力的动力。

但是表扬也要有限制地使用。过多地使用表扬，短期来看激发了孩子的主动性，但从长远来看，孩子的主动性会因此受到抑制。为什么这么说呢？因为孩子做事的动机分为内部动机和外部动机。父母的表扬对孩子来说，属于外部动机。长期依赖于外部动机，孩子的内部动机就会受到削弱，也就是说，孩子会忘记自己做事的本心。

心理学家研究发现，表扬会造成孩子成为"寻求认可上瘾者"，这并不能增强孩子的自尊，反而会妨碍孩子承担风险的能力，导致他们选择简单的任务，也就是说，表扬反而挫伤了孩子挑战自己的积极性。

有时候，表扬还是对感受的否认。

一次手工课结束后，小女孩汤圆拿着大约七八个老师教剪的各种颜色的雪花，非常漂亮。可汤圆走向妈妈，非常遗憾地说："妈妈，我本来可以再剪三个的。"这时，一位妈妈说："唉呀，你剪得已经够多了！"其实，这也是真心话，她觉得孩子剪得挺好的。这时，汤圆妈妈接过汤圆剪的雪花，说："啊，你可以再剪三个呀！"汤圆说："是呀，妈妈，我还可以再剪一个蓝色的，一个紫色的，一个红色的，把它们穿起来，多漂亮呀！"妈妈说："是呀！你也可以把它们贴到窗户上，做成窗花，也挺漂亮的。"女儿说："是呀，快回家吧，我再做一些。"

那位妈妈的话"唉呀，你剪得已经够多了"，虽然是那位妈妈的真心赞叹之语，但是向孩子传递的信息却是对孩子感受和想法的否定和不接纳，她没站在孩子的角度，看见"还想剪得更多"才是孩子当时的感受。

所以，对于孩子的赞许型行为，父母最好的态度是看见即可，不要给予过多的评价，允许孩子顺着自己的感受去做事，并从中体验到意志感的满足，增强自我价值感。

观察

不干扰、不评价不代表不管不问，采用观察者的立场是比较合适的。孩子在探索的过程中，难免会出现这样那样的困难，如果父母能在孩子遇到困难的时候，不动声色地给予一些引导，就能帮助孩子沉浸在手头的事情上，而不被困难所阻碍。

但是，观察不是指留在孩子身边认真观察，而是家长一边做自己的事情，一边留意观察即可。这样的观察不动声色，也不易觉察，不会干扰到孩子。

观察的目的是什么呢？孩子做事的时候，首先要保证孩子的安全，保证安全是观察的基础。观察时还要了解孩子的能力到什么程度了，他能把这个事情做到什么程度。在做的过程中，有哪些能力是孩子目前不具备的？有哪些不太恰当的行为？这些都在观察之列，但这个阶段你只是在观察，不要轻易说话。

引导

在适当的时候，父母要给予孩子相应的引导。

引导一般在两种情况下发生。

第一种情况是在孩子寻求帮助的时候。比如孩子感觉正在做的事情需要别人的帮助，他真正感受到困扰，那么你可以去引导。

第二种情况，你观察到孩子的行为造成了一些损失，你承受不了，或你不能接受，或有危险，又或孩子在做的过程中有些东西你觉得需要纠正了，你再去纠正。

当然，引导不是指导，指导是父母直接指明如何做，那会显得父母很厉害，但会让孩子觉得自己很弱。引导的第一原则，就是要建立在保护孩子自我价值感的基础上，自然而然，顺理成章，让孩子易于接受。不要居高临下地去指导孩子，这样孩子会变得不自信，认为这个事我没做好，你却会做，我不如你。最好的办法是家长在旁边做同样的事让孩子观察模仿，或者家长装作漫不经心地做一些事，启发孩子的灵感，即便是语言的引导，答案引导到嘴边，让孩子自己最后说出那个答案。

下面这个案例是一个家长分享给我的，他在回应孩子洗袜子这个赞许型行为上做得很到位，值得借鉴。

有一天，雅雅爸爸陪孩子洗完脚，问女儿雅雅："今天自己洗袜子吧？你已经3岁了，应该可以做到。"雅雅一听，十分高兴，自己搬来小凳子，在水池子里洗了起来。雅雅爸爸大概教了教她洗袜子的流程，就不再管她了，让她开心地洗，自己拿着拖把拖地去了。不过，在雅雅洗的过程中，雅雅爸爸发现她不会搓，仅仅是用手指捏来捏去，根本不是在洗。而且，孩子搓的过程中一直开着水龙头，爸爸觉得这样太浪费水了。于是，雅雅爸爸也拿过来自己的袜子，先把袜子打湿，然后打上肥皂开心地搓起来，一边搓一边嘴里念叨着："搓袜子的时候水龙头就得关掉啦。现在，我打肥皂咯。我要搓搓搓，搓得越来越干净！"雅雅被爸爸的话吸引过去，看了一会儿，也很快给袜子打上肥皂，学着搓起来，并且顺手把水龙头关了。

我搓，搓搓搓！

孩子参与家务劳动，对发展动手能力、学会负责、体验参与家务劳动的乐趣都非常有好处，这种行为是我们赞许的，所以对孩子洗袜子的过程，家长不应该过多干预，就让孩子自己去做，他们会十分投入，并且享受到轻松愉快地做家务的乐趣。

有的家长会不放心。孩子能洗干净吗？我是不是得教教他们？然后家长在旁边盯着，一旦发现孩子哪里没有做好，就要指导两句。而这样的指导，在孩子眼里是一种否定，是嫌他做得不好，孩子做事情的乐趣就会损失一大半。家长要克服这种要求完美的心态。

雅雅爸爸的做法就挺好，他让孩子自己洗，然后自己去拖地。雅雅爸爸没有一直在旁边盯着孩子，那是信任的表现。相信许多家长都有这样的体验：当一个人盯着你写字的时候，你就不会写字了。孩子也是一样。

所以，雅雅爸爸选择去拖地，但却时刻关注着孩子的状态。他在履行自己的第二个职责：观察。

雅雅爸爸一边拖地，一边时不时地去看雅雅。他发现雅雅其实不懂什么叫"搓"。

于是，他准备实施第三步：引导。

他遵循了引导的自然原则，没有直接上去指导，而是找来自己的袜子开始洗起来，在洗的过程中给孩子示范了如何关水龙头，如何"搓"。雅雅被吸引，观察起爸爸的动作，也就跟着学会了。而且，搓的时候，水龙头是可以关掉的，多搓一会，搓好了再放在水龙头下面涮干净。这种引导没有说孩子做得不好，不会让孩子感觉到压力，孩子自然而然学会了怎样做。

所以，对赞许型行为，父母要小心保护。如果因为父母错误的回应方式而让孩子失去了做事的乐趣，是很可惜的。当孩子出现赞许型行为时，家长要尽量做到不干扰，耐心地观察孩子，只在必要的时候给予引导。如果父母觉得当前的情况不适合引导，可以暂时不引导，以后再找合适的时机进行引导，切忌急于求成。父母要谨记，**赞许型行为最重要的是孩子体验的过程，而不是结果。**

重点回顾

♥ 回应赞许型行为，家长不要过犹不及。尽量做到以下几点即可：

1. 不干扰，让孩子充分体验投入的快乐。

2. 不评价，即便正向的评价——表扬从长远来看，也会挫伤孩子的积极性。

3. 留心观察，关注孩子的状态。

4. 不露痕迹地引导，保护孩子的自我价值感。

♥ 家长需要谨记：赞许型行为最重要的是孩子体验的过程，而不是结果。

感悟思考

♥ 日常生活中，是否有某个时刻孩子本来兴致勃勃地做一件事，却因为我们的回应不当而抹杀了孩子的兴趣呢？从这样失败的过程中，让我们学习如何鼓励和支持孩子吧！

回应替代型行为

上完接纳课后，一个学员跟我分享：

  我感觉自己不仅在接纳孩子的感受方面有了很大的进步，对于孩子的行为也有了更多的允许。之前，孩子提出一个要求，我总是下意识地说"不"，现在会先停下来想一想，也会跟孩子商量，孩子似乎也不那么倔了，亲子关系亲密了很多。

  比如，有一天奶奶在睡觉，孩子却吵着要玩玩具手枪。照我之前的做法，肯定是眼睛一瞪，说"不可以"。可这次，我蹲下来对孩子说："我知道你现在想玩手枪，可是奶奶正在睡觉，如果玩手枪，会吵醒奶奶的。怎么办呢？"没想到，孩子也没有像之前一样，越不让玩偏要玩，他说："我可以去外面玩。"说完，就自己跑着下楼了。

  这个转变的过程真的很神奇。

  正如这位妈妈所说，许多时候父母说"不"是一种下意识的行为。孩子出于本能，提出一些要求，但因为考虑事情不够周全，常常忽略现实条件或者社会规范。但仔细想想，有些"不"是可以转化的。这需要家长发挥教育智慧，尽量少说"不"，跟孩子一起静下心来想办法，把"不可以"变成"可以"。当孩子感受到被尊重，得到充分的自主权后，也会乐意配合父母，亲子关系也不会走向紧张和对抗。

替代调整的原则

有一些乍一看需要"制止"的行为，如果深入思考一下，实际上属于替代型行为，也就是说，进行一些适当的调整便可以接受。具体来说，可以从时间、地点、对象三个方面进行调整。替代型行为也因此分为：调整时间型、调整地点型、调整对象型。

调整时间型

有的行为本身没有问题，只是时间不合适，干扰了别人便需要做出一些调整。比如，有的人喜欢在家里大声唱歌，如果在白天，这无可厚非。可如果在深夜，影响周围邻居休息就不合适了。再比如，爸爸正好有个急事需要在书房工作一会儿，不想被人打扰，孩子却进来缠着爸爸陪他下棋。这时，爸爸就火了，对着孩子一通乱吼："你这孩子怎么这么不懂事？看不见爸爸在忙吗？"其实，孩子要求下棋的行为没有问题，只是时间不合适，调整一下时间就可以了。爸爸可以平静地跟孩子说："再过1个小时，爸爸忙完了就陪你玩。"给孩子一个比较明确的时间，孩子会感受到被尊重和重视，也可以安心地先做别的事情了。

调整地点型

有时地点不合适，也会造成需求的冲突。

有一位成年人到乒乓球馆里去打乒乓球，他正打得高兴的时候，发现乒乓球馆里突然来了几个小孩子，在球台之间跑来跑去。有几次当他在挥拍的时候，小孩子突然跑来吓他一跳，因为他怕打到孩子，所以每次当孩子跑过来时，他就要停止自己的打球动作。当孩子跑第一次、第二次的时候，他觉得还可以忍受，但孩子第三次跑过来时就有点烦了，后来他就喊了一句："这是谁家的孩子啊？怎么在这里跑，大人怎么不管管？"其实孩子的父母就在旁边，也在打球，孩子的爸爸也看到了孩子的行为，却没有多加约束。

孩子喜欢跑来跑去是天性，但在球馆里跑，给其他人造成了麻烦，干扰了别人的活动，就不合适了。爸爸可以把孩子带到操场上去跑跳，既能满足孩子的需求，也不会干扰到别人。

调整对象型

有时是行为的对象不合适，调整一下对象即可。比如，孩子想要玩刀，家长不允许，但可以拿塑料刀切橡皮泥假装切菜；孩子想拿玻璃杯接水玩不被允许，可以换成塑料的杯子；孩子想要学习炒菜，可以拿不用的锅让孩子在旁边练手。

总之，在制止孩子的行为前，父母如果愿意多动脑筋想一想，既满足孩子的需求，又满足父母的需求，不但可以赢得好的亲子关系，更能培养孩子的共赢思维，何乐而不为呢？

回应替代型行为的方法

在把握原则的基础上，我们再来学习一些回应替代型行为的方法。这能有效帮助父母不与孩子陷入对抗当中。

尽量少说"不"，多说"好的，可是……"

当孩子发出一个行为要求，对父母来说，说"不"是最简单的方式，不需要动脑思考。可父母每说一次"不"，孩子不被满足的愤怒情绪就会累积一点，积攒多了，就会借着一个事情爆发。父母有时候觉得孩子很无理，不就是没有买到棒棒糖嘛，至于发这么大脾气吗？那是父母没有意识到，在这之前孩子可能听到了太多的"不"，这一次的"不"就成了压死骆驼的最后一根稻草。

随着父母说的"不"越来越多，孩子会变得越来越不配合。孩子是感性的，你答应给他买好吃的，那就是爱他，你拒绝他的要求，他就会觉得不被接纳。虽然我们可以通过精神接纳弥补一部分遗憾，但总归来说，说"不"就像欠债，越攒越多。

最有效的办法是在孩子提出一个要求后，先说"好的"。如果父母有什么顾虑，在"好的"后面加上"可是……"。大家感受一下这两种说法："不行，因为……""好的，可是……"孩子在听到"不行"之后，防御心就起来了，任凭后面你再说什么他也听不进去。但是你先说了"好的"，口头上痛痛快快地答应了孩子，会让孩子感觉到自己是被接纳的，自己的需求是合理的，爸爸妈妈是站在我这一边为我考虑的。这时，再提出你的顾虑，孩子会很愿意积极配合，然后乐于想办法去解决问题。

很多时候说"不"是父母的一种自动反应。父母心中会有一些行为的标准和界限，一旦孩子越界，"不"的声音就会在父母的心头响起，仿佛警报一样。可是，真的"不可以"吗？许多时候，只要调整一下，变换一下，就可以了。

在不会走之前，孩子喜欢在地上爬来爬去。许多家长嫌脏，就不让孩子在地上爬。其实，如果嫌脏，铺一层爬行垫就可以了，或者可以直接在床上爬。

有的孩子喜欢在走路时踢石头，有的家长担心他把鞋踢坏了，或者踢起石头砸着人，于是会制止。其实，只要把石头换成小皮球就可以了。

有的孩子喜欢扔东西，不如给孩子准备几个沙包，让他扔个痛快。

有的孩子喜欢在墙上画画。可以给孩子准备一个大纸箱，让孩子在上面尽情地画，或者在墙上贴满白纸，孩子画完再揭下来，都是不错的替代方案。

这两种方式教育出来的孩子，会有很大的差别。时常听"不"的孩子，长大后遇到问题时，第一反应也会是"不可能""这事解决不了"。一遇到事情他的思维可能比较僵化，要么"听我的"，要么遵守规矩。这类孩子没有学会调和与变通。

时常听"好的"的孩子，长大后遇到困难，会更加愿意接纳现实，然后尽量想办法去调和矛盾，解决问题。他能够看到自己的需求，同时理解规则的需要，在兼顾两者的基础上做出合理的选择。

家长能够做到少说"不"的前提，就是理解孩子不良行为背后的需求，而且认可这个需求的合理性。看到这个需求，家长不会觉得孩子是在故意捣蛋，因此冲着孩子发脾气。这时，家长会愿意静下心来，耐心想一想，如何想办法满足孩子的需求。

邀请孩子一起想办法

当你说了"好的"之后，你就赢得了孩子的心，赢得了孩子的配合。

这时，再说出你的"可是"，孩子就能听进去了。这是一个建立规则的过程，成人一定要把规则用简单明确的语言讲给孩子，以便孩子知道在什么条件下采取怎样的行为。例如：不能在马路上乱跑，那样很危险；不能在公共场所乱跑，会干扰别人，但在操场上可以。

父母在申明规则的同时，就把问题抛给了孩子，为了行为得到允许，孩子会积极思考解决的方案。在这个过程中，孩子理解了父母的立场，也锻炼了解决问题的能力。

许多时候，父母是知道替代方案的，但父母直接说出替代方案，一方面不能锻炼孩子乐于思考和解决问题的能力，另一方面孩子也不一定愿意采纳。如果这个替代方案由孩子自己想出来，执行起来就没有难度，甚至还会很开心。

有个学员跟我分享了她是如何回应孩子玩花瓶的。

一天，我回家的时候，看见3岁的儿子在哭。孩子说，奶奶不让他玩那个新买来的花瓶，怕他摔碎。那个花瓶是我新买的，玻璃材质，我也担心孩子给摔碎了，但看着孩子哭泣的小脸又有点儿心疼，于是，我决定冒一下险。我先教他认识了不同物品的材质。他的小玩具是什么材质的？茶杯是什么材质的？上次摔碎的碗，是什么材质的？它们有什么不同的特点？通过这个过程，我跟孩子总结出玻璃和陶瓷容易碎。然后告诉他："妈妈知道你很想玩这个花瓶，可是妈妈担心你会把它摔碎了，我很喜欢它，如果它碎了，妈妈会很心疼。"孩子说："我会小心的。"我表扬了他的小心，接着，我又引导："只是小心是不够的，人难免有大意的时候，还需要更妥帖的办法。"我启发孩子，玻璃什么时候容易碎呢？孩子说碰到硬的东西容易碎，碰到软的就没事了。终于，孩子想到了："妈妈，我可以把花瓶放到床上，小心地玩。"对他的想法我表示赞成，于是我把花瓶拿到床上让孩子自由地探索一番，孩子也很开心。

我想，孩子的开心不只是因为玩到了花瓶，这里面还有能帮助妈妈解决问题的成就感和自我价值感。在这个过程中，孩子解决问题的能力也得到了锻炼。

尝试运用游戏力

许多时候，孩子不一定非要得到现实的东西才能满足。孩子很感性，只要感觉好，就愿意配合家长。

有个学员跟我分享了一个小故事：

有一次，晚上快睡觉了，棠棠突然闹着要吃包子。大半夜的上哪儿去给她买包子呢？我懂得要接纳孩子的需求，所以，我没有嫌孩子"不听话"，也没解释"这个点买不到包子"，而是灵机一动，找来一块手绢包了几个雪花片，递给她："吃吧，糖果包子。"棠棠一听来了劲，抓过来假装咬了两口，又闹着说："还要吃，这次要吃巧克力味的包子。"我又找了几

块褐色的雪花片包起来，递给她："给，巧克力味的！"棠棠又开心地吃起来。后来，她又假装要了豆沙馅的、牛肉馅的、胡萝卜馅的……我一一满足，棠棠也吃得很开心。后来，孩子心满意足地睡了。

游戏力就是这样神奇。它总是能在关键时候化解危机，这也是我经常使用的育儿法宝。

我儿子5岁的时候，有一次，我们开车出去玩。不巧的是，车载空调不太好用了。那是夏天，很热。我们开着窗，外面很闷，一点儿都不凉快。我把窗户关上，试图开一会儿空调，可是空调时好时坏，工作一会儿就不动弹了。车里的闷热让孩子有点儿烦躁，他吵着要下车。我看到孩子很热，也跟着说："热死我了！就像是在一个大烤箱里。要不我们烤串吧！"我拿起气球杆子假装开始烤串。儿子来了兴致，跟我一起烤起来。烤了一会儿，我们又开始假装制作冰激凌，"哇，吃上冰激凌好凉爽啊！"后来，我们又尝试了去海里游泳，假装下大雪冻死了……很快，我们就到了目的地，孩子后来一点儿也没吵闹，下了车还要求继续玩。

游戏力不是转移注意力。转移注意力是让孩子把注意力从一个物体转移到另外一个物体上，比如孩子在家里乱扔球，妈妈不让扔，让孩子去看电视。游戏力顺应了孩子的需求，接纳了孩子的需求，用虚拟的方式满足了孩子的需求，将孩子的负向情绪转化成正向的情绪。

重点回顾

♥ 替代型行为可分为：调整时间型、调整地点型、调整对象型。

♥ 有些乍一看需要"制止"的行为，可以从时间、地点、对象三个方面进行调整，以实现共赢。

♥ 回应替代型行为，家长要尽量做到：

（1）少说"不"，多说"好的，可是……"。先让孩子感觉被接纳，再提出自己的困惑和需求。

（2）邀请孩子一起想办法，这是建立规则的过程，同时也培养了孩子的锻炼了解决问题的能力。

（3）尝试运用游戏力，顺应孩子的需求，用虚拟的方式满足孩子的需求。

感悟思考

♥ 生活中，有哪些"不可以"可以转化成"可以"呢？找出至少三条吧！

回应限制型行为

有这样一个心理学实验:

在一块很大的空场地上,有一群孩子在玩耍。没有人规定孩子玩耍的具体地点,但观察者发现,孩子一般都在中间一块很集中的区域活动,不会跑得太远,也不会离开集体太远,因为他们不知道远处是不是安全的。

同样一块空场地,人们在四周加起了很大一圈围栏。观察者发现,有了围栏之后,孩子们活动的区域反而变大了,他们会跑到围栏最远的边界,一个人跑离集体也不在乎。围栏似乎成了一个"安全之网",孩子们觉得,围栏里面肯定都是安全的。有了这种充分的安全感之后,他们释放自己,毫不担心地跑遍了整个围栏的场地。

围栏相当于规则,这种规则会给孩子充分的安全感。就像交通规则一样,因为有了公众都认可和共同遵守的信号灯,我们看到绿灯时过马路就更安全。但是,如果交通路口没有信号灯的约束,没有规则,看起来我们自由了,但我们过路口时会缺乏安全感,因为一切都处于混乱的状态。

日常生活中,孩子有许多行为是需要被限制的。家长不可能每时每刻都盯着孩子，不能每次都对孩子的行为进行限制，所以要给孩子设定一些规则。许多崇尚自由的家长不希望给孩子制定规则，担心会限制孩子的发展，但实际上，规则会让孩子更有安全感。

用规则限定孩子的行为

规则对于孩子的成长非常重要，它与爱、尊重和接纳同等重要。如果只有爱和尊重，而不教给孩子必要的规则，很容易出现过度溺爱、自我中心和任性的孩子。在现在的幼儿家庭教育中，缺乏正确有效的规则约束从而导致孩子出问题的案例特别多。很多人以为给孩子充分的自由，让孩子想干什么就能干什么，才能让孩子更开心，更有安全感，实则不然。

家庭一贯的规则带给孩子安全感

有规则的生活才会给孩子安全感。因为有规则的生活会让孩子能够预料下一步会发生什么，什么事情能做，什么事情不能做。也就是说，这种明确的、一贯的规则就像实验中的"围栏"一样，能给孩子一种明确的预期，增加孩子对事物的掌控感，增强孩子对生活的预期。前面我们在讲安全感的时候讲过，安全感主要表现为确定感和可控感，增加确定感和可控感能增强孩子的安全感，因此，规则对安全感很有帮助。

家庭规则是孩子社会化发展的需要

从小能够遵守家庭规则的孩子长大才能遵守社会规则。亲子关系是孩子的第一个人际关系，孩子会把亲子关系复制到他走向社会后的人际交往关系中。如果亲子关系符合一般的人际交往规则，孩子适应社会就会比较顺利，否则会比较困难。

比如，在家里父母对他百依百顺的孩子，到社会中也会试图控制他人，要求别人听他的。如果别人不听他的，孩子就会很难受。他在家没有学会一条基本的人际交往原则——尊重别人的想法和要求，遇事与人友好协商。所以，家庭中的亲子关系也要遵守正常的人际交往规则，不能因为孩子小就无原则地迁就，否则，孩子在家庭之外的人际关系中会寸步难行。

再比如，有的孩子打父母，父母觉得孩子是在跟自己闹着玩，不会制止。到了外面，如果别人打他，很可能他也不会反抗。因为他没有从父母身上学会怎样维护自己的权益。别人打他时，可能他连一句"打人是不对的，你不能打我"也不会说。这样的孩子，很容易成为家里的小霸王，外面的小绵羊。

如果父母在与孩子交往时，使用通用的人际交往规则，尊重孩子，同时也尊重自己，就像在外面与其他人交往一样，这样，孩子出门在外与同伴及其他人交往时就会复制这种比较成熟的人际关系，他的社会化就会相对简单。

所以，家长在日常生活中要给孩子设立规则，教会孩子遵守各种规则，并且理解规则是保护大家的。虽然规则在某种程度上限制了个人的行为，但从长远来看，规则维护了孩子内心的秩序，增强了安全感，并且有助于大家更好地交流与共处。这样，孩子就不会认为规则是约束他的，从而愿意从内心遵守规则，变得自律。

制定规则的良好方式：契约

随着年龄的增长，孩子有了自己的想法，会不断向家长提出自己的诉求，比如想多玩一会儿电脑；晚上不想按时睡觉，想多玩一会儿；想多买一件玩具；在外面玩得高兴，不想赶快回家等。但是，大人出于对孩子身体健康的考虑、教育的考虑或者自己的时间不允许等原因，往往不能满足孩子。如果我们硬性地强迫孩子，会让孩子感觉不愉快，而且还会引起孩子的逆反心理。现实生活中，许多家长经常陷入与孩子的争论之中。孩子想要更长的玩耍时间，想要更多的玩具，但父母却坚持说"不可以"。这种约束和反约束的抗争令家长和孩子都很不愉快。怎么办呢？我们推荐一种方法：家庭契约。家庭契约可以让孩子进行自我约束，也是增强孩子意志力的有效途径。

契约是几个人（至少两人）之间就某些事件的行事规则在相互商量之后达成的一种约定和协议。契约责任是以双方或多方自由同意为基础，体现签订契约方的一种承诺，意在共同遵守。

契约的思想一方面体现了对人的尊重，因为对他人的支配须以双方一致同意的条件为前提。儿童非常具有契约精神，我们经常看到孩子们在约定好一件事情之后，双方会勾起小指，然后左右摇晃着齐声说："拉钩上吊，一百年不许变。"日常生活中，我们也经常听到孩子认真地说："说好了，不许反悔！"

另一方面，契约精神体现了签约方的自主权。因为有精神障碍的人以及无民事行为能力的人是不能签订契约的，签了也无效。孩子们之所以喜欢订立契约，是因为和家长平起平坐地讨论和签订契约，让他们感觉自己长大了，有了签订契约的自主权，从而产生巨大的成就感。

在经常性的家庭事务中，我们需要找一些合适的时间，与孩子平等地讨论一些经常性事务的规则。比如，每天什么时间看电视？看多长时间？每天晚上必须几点睡觉？每天父母和孩子应该承担的家务是什么？然后在双方同意的情况下约定好，制定成正式的契约形式，自觉遵守。这样就把父母对孩子的要求转化成了孩子的自我要求，父母只要提醒就够了，会减少很多亲子冲突。

　　锐锐是个5岁的小男孩，他最近特别喜欢看动画片，看起来没完没了。妈妈每次要求他关掉电视的时候，他都很不高兴，拖延很长时间才关。有时，妈妈一气之下就把电源拔了，锐锐会气得跺脚，大哭大闹，为此，母子俩身心疲惫。这样下去可不行，锐锐妈妈准备想个办法解决这个问题。

　　一天，母子俩依偎在一起读书，很温馨。妈妈讲完一本书后，对锐锐说："故事里小利每天看电视时间太长，他的眼睛很快就近视了，还戴着大眼镜，可难受了；苗苗知道关心自己的身体，每天看电视的时间只有20分钟，所以她的眼睛很好，而且在外面和小朋友玩也很快乐。锐锐，你想向谁学习呢？"锐锐想了想说："我要向苗苗学习。"妈妈说："那好，咱们说好了，以后每天你也看20分钟的动画片，自己设置闹钟，闹钟响后，就把电视机关掉，行吗？"锐锐还不太明白，但还是点头说："好吧。"这时，妈妈伸出了小手指，锐锐马上高兴起来，一边和妈妈拉钩，一边和妈妈一起大声说："拉钩上吊，一百年不许变。"妈妈说："好，现在我们把它写下来。如果你违反了规则，自动取消第二天看动画片的权利。你同意吗？"……就这样，在妈妈的引导下，他们签订了如下家庭契约：

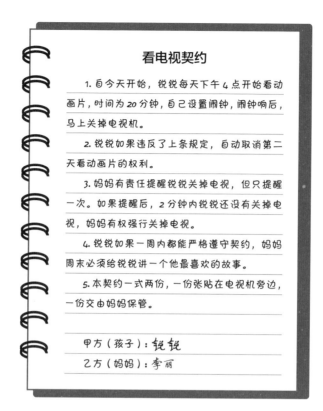

看电视契约

1. 自今天开始，锐锐每天下午4点开始看动画片，时间为20分钟，自己设置闹钟，闹钟响后，马上关掉电视机。

2. 锐锐如果违反了上条规定，自动取消第二天看动画片的权利。

3. 妈妈有责任提醒锐锐关掉电视，但只提醒一次。如果提醒后，2分钟内锐锐还没有关掉电视，妈妈有权强行关掉电视。

4. 锐锐如果一周内都能严格遵守契约，妈妈周末必须给锐锐讲一个他最喜欢的故事。

5. 本契约一式两份，一份张贴在电视机旁边，一份交由妈妈保管。

甲方（孩子）：锐锐

乙方（妈妈）：李丽

契约签订后，妈妈一个字一个字地念给锐锐听。锐锐感觉很新鲜，他仔细看着这些字，特别是自己的名字，好像是做了一件大事。从那以后，锐锐每次看电视前都会看一眼贴在墙上的契约，到点后就关掉电视机，不需要妈妈一遍遍地要求。妈妈也经常在爸爸面前表扬他，说他是个讲信用的男子汉，说话算数。锐锐自己也感到很自豪。

用这样的方法，妈妈又陆续和锐锐商订了以下家庭契约。

1. 家务分担契约

妈妈负责做饭，孩子饭前摆放餐具，爸爸饭后刷碗，孩子擦桌子扫地；一个月爸爸和孩子轮换一次。

2. 玩电脑契约

每周末可以玩电脑2次，周六、周日各1次，每次15分钟。

注：随着年龄的增长，可以逐步增加时间。如小学高年级时可以延长到

50分钟，初中时可以延长到1个小时。

3.花钱契约

有时锐锐跟着妈妈去超市会乱要东西，妈妈不给买，他就哭起来没完。对此，妈妈和锐锐制定了"花钱契约"，规定每月可以买2件玩具，价格必须在20元之内，但买什么由锐锐自己决定。每周吃零食4次，只能饭后吃，但哪一天吃，由锐锐自己决定。

4.睡前阅读契约

妈妈和锐锐有睡前阅读的习惯。但有时锐锐会缠着妈妈没完没了地看，妈妈有时又累又困，就不愿多讲。为此，两人约定好，每晚阅读3本书，或者阅读30分钟。

5.友好相处契约

在妈妈的影响下，有一天，锐锐要求妈妈制定一个"不能对别人大声吼"的契约，因为有时候妈妈对他发脾气，他很害怕。妈妈觉得他讲得有道理，商量之后，他们制定了下面的契约：

> 为了形成友好和谐的家庭氛围，全家人必须相互尊重，不能随便乱发脾气，不能大声吼叫，遇事要友好商量，如有违反，违反者要给全家人表演一个节目。

这些契约制定之后，锐锐很清楚什么时间应该做什么，做多长时间，什么时间必须结束游戏，不再事事与父母争取，妈妈和锐锐都轻松多了。虽然锐锐偶尔也会要赖，但他明白自己错了，也自愿接受惩罚，母子间的争斗也变得越来越少。

在家庭中使用契约，有很多好处：

◆ 避免每日谈判的麻烦：有的孩子每天都要为了自己的要求抗争。耗时长，大人孩子都很疲惫。

◆ 有约在先，是尊重孩子的表现。

◆ 让孩子养成在约定的框架下，自主做事的习惯。

◆ 长期坚持，会帮助孩子形成良好的习惯。

◆ 惩罚措施会让孩子学会承担责任。

◆ 契约一旦制定后，就变成孩子对自己的承诺，这种约束来自内部，而非外部。

契约根据时间长短分为不同的类型。

长期契约

上面案例中的"看电视契约"，需要孩子长期坚持和遵守，这种契约就是长期契约。

临时契约

妈妈和贝贝定好的长期契约是贝贝晚上9点睡觉。一天晚上，贝贝和妈妈玩掷骰子钻龙洞的图形游戏，贝贝玩得很高兴，9点的时候妈妈提醒贝贝应该睡觉了，贝贝撒娇地说，不要去睡，想再玩一会儿。妈妈说："我能理解你正玩得高兴，咱们再玩一次，然后就去洗脸睡觉，好吗？"

这种契约就属于临时契约。临时契约是偶然形成的，目的是给孩子一个缓冲的时间，是对孩子感受的理解和接纳。

在日常生活中，既要有长期契约，形成稳定的家庭氛围，也需要在不违反长期契约的大框架内，跟孩子一起制定临时契约，体现人性化以及对孩子当下感受的尊重。

在执行契约时要注意以下五个方面。

（1）充分交流，共同商量，达成一致，定下规矩。

契约要在充分考虑双方需求的基础上共同制定，这是对孩子的尊重，也是对孩子的信任及理解。在此基础上制定的契约，孩子才更愿意遵守。

（2）契约一定要合理可行，要求不宜过高，应循序渐进。

如果契约不合理，必然经常被打破，这就失去了契约的严肃性，还容易让孩子形成不遵守规则的习惯。

（3）契约一旦制定必须遵守，若违反契约，须有惩罚措施，并把惩罚措施一并写进契约。

这样做一是可以督促孩子认真执行，二是让孩子养成愿赌服输、信守承诺和承担责任的思维习惯。就像违反交通规则会罚款一样，孩子违反了契约，也要承担一定的责任。当然，这样的惩罚应该比较温和，比如取消孩子喜欢的某项活动，或者替别人多做一些事情，且是孩子可以做到并能够承受的。

（4）契约要一视同仁，全家人都应遵守，大人也不例外。

此外，大人还要起带头作用。如前所述的"友好相处契约"，爸爸妈妈都应该带头遵守，并自觉约束自己，一旦违反，要认真地向孩子道歉，并接受惩罚。己所不欲，勿施于人。如果父母都控制不住自己，那就不要对孩子有过多的要求。如果要求不一致，可以和孩子说明白，比如，孩子睡觉时间比大人早，是因为孩子需要的睡眠时间比大人长。我们必须坚持的原则是：从我做起，共同努力！

（5）契约须长期坚持，培养习惯。

契约一旦制定，必须长期坚持，以保证契约的严肃性。如果感觉哪里不合理，可以重新商议修改。修改后再次长期坚持执行。

如果制定了契约却不遵守，会导致孩子不遵守规则，父母也会失去自己的权威。建议把约定好的契约正式书写或打印出来，挂到显眼的地方，然后相互提醒、监督执行。

父母须知晓的家庭规则

规律的家庭作息

孩子的作息要有规律。规律的作息可以让孩子更安定、舒适，该做什么，什么时候做，都按规律进行。习惯成自然，孩子会十分清楚自己该做什么，父母带孩子会很顺利。孩子养成了良好的生活习惯，好的态度、好的精神面貌就会自然而然地表现出来，家长只需稍加坚持、赞许并及时给予鼓励，就能达到教育的目的，不需要刻意地教导。不知不觉，孩子的自控力也就形成了。

家庭生活作息需要父母在孩子很小就制定并长期坚持，从而慢慢形成孩子的生活习惯，使孩子的生活富有节奏感。对下一步生活内容的可预测，增加了孩子的安全感，也符合孩子身心发展的规律。

分担家务的契约

随着年龄的增长，父母一定要让孩子学习分担家务。这能提高孩子参与成人生活的乐趣，也是培养孩子承担家庭责任的重要过程。

家庭生活小规则

物归原处规则：东西从哪儿拿的，用完要放回原处。

家庭卫生规则：饭前便后要洗手；弄撒或弄碎了东西要马上清理干净，自觉保持家里的干净整洁，脏污之处要主动清洁。

进餐规则：吃饭时专心，不挑食。

整理物品规则：不能随便乱放东西，要把东西放在应该放的地方，并摆放整齐；玩具玩完后，要整理归位。画画或写完作业后，要把书本整理好，放回原处。

文明礼貌规则：进别人房间要敲门；借用别人的东西要征得同意；不经允许不翻看别人的东西，不乱看别人的信息；无意中打搅了别人要说"对不起"；别人帮助了你要道谢。

友好交往规则：有话好好说，不乱发脾气。

重点回顾

♥ 回应限制型行为时，家长要敢于使用规则。因为，家庭规则是孩子安全感的保证，也是社会化的基础，规则是保护孩子而非限制孩子的。

♥ 制定规则的良好方式是契约。家庭契约可以避免家庭纷争，激发孩子的主动性，是孩子走向自律的基础。

♥ 在执行契约时需注意：

充分交流，共同商量，达成一致，定下规矩。

契约合理可行，要求不宜过高，应循序渐进。

一旦制定必须遵守，若违反契约，须有惩罚措施，并把惩罚措施一并写进契约。

一视同仁，全家人都应遵守契约，大人也不例外。

契约须长期坚持，培养习惯。

♥ 父母须知晓下面这些家庭规则，并在家庭当中制定：（1）规律的家庭作息；（2）分担家务的契约；（3）家庭生活小规则，如物归原处、文明礼貌、友好交往等。

感悟思考

♥ 在自由与规则上，你还感觉冲突和困惑吗？如果有，请记下来，认真思考如何使用规则以维护自由。

回应制止型行为

案 例

有个学员跟我说：

有一次，5岁的女儿拿着一根棍子摇来晃去，但小区里到处停满了车，我担心她拿着棍子把别人的车划了，于是制止她："不可以拿着棍子摇晃，小心划了别人的车。"结果，女儿立时崩溃。"我没有划！我没有划！你干吗说我？"可我也觉得很冤枉，我没有说她已经划了，而是提醒她小心别划到别人的车。她似乎分不清什么是提醒，什么是真正做错了事情的问责。我试图解释，可是发现女儿根本听不进去。

孩子接受信息的第一途径就是家长的态度。这位家长在提醒孩子别划了车时，态度一定是严厉和紧张的，孩子接收到了这份严厉和紧张，这足以让孩子崩溃了，至于是因为什么而让家长严厉紧张，孩子已经没有心思去关注了。我跟这位学员说，如果想让女儿继续听你说话，最好的方法就是抱住她，先让她感受到你的温暖和爱，冷静下来之后，她才会愿意听你善意的提醒。

面对孩子的行为，我们要先进行精神回应，但如果面临危险，当然是先进行行为回应，即制止，然后再进行精神回应。

有一位家长问我："如果孩子在车来车往的马路上乱跑，我应该先进行精神回应还是行为回应呢？""这还用说吗？当然是先一把抱住孩子，然后再精神回应。"

紧急的危险行为，必须要马上制止，孩子可能不明白怎么回事。对于4岁半以上的孩子，可以用语言讲解原因；对于4岁半以下的孩子，要先安抚孩子的情绪，然后回家之后通过肢体语言为主，语言讲解为辅，让孩子尽量明白行为被制止的原因。

制止孩子时，有的家长喜欢用语言大声呵斥，这会让孩子变得木僵，不知所措。制止要明晰，用最简单的语言告诉孩子如何做，必要时直接行动，比如抱住孩子或者拉着孩子的手快跑。

对于紧急危险的行为要果断迅速，而对于不是那么危急的行为家长还是尽量按照流程来，第一步先进行精神层面的接纳，然后再进行行为层面的回应。

回应制止型行为要注意三个方面的问题：温柔的态度、坚定的态度和简单明确的语言。

温柔的态度

当家长发现孩子有不恰当的行为时，许多父母会生气地制止孩子。这种因为生气而不友好的态度会给孩子不好的情感体验，它传递给孩子的信息是父母不接纳他。这会激起孩子的负面情绪和对抗心理。

有许多学员问过我有关制止孩子行为时，孩子会产生对抗的问题。家长觉得不理解，我说得明明是对的啊，他为什么不听？

比如，有个学员曾经问过我一个小问题：

有一次，8岁的侄子来我家小住了几天。他和我家女儿一起在外面玩，回来想吃西瓜，没洗手就要伸手拿。我说："快去洗手，看你的小手黑的。"

结果，侄子一个人跑屋里去了，还气呼呼地说："我就不洗！谁让你说我手黑的！"我很纳闷，我说的明明是事实啊，这还不让说吗？

我听后哈哈大笑，这位家长还真是"不解风情"啊！

没错，这位家长说的是事实，可是，孩子不喜欢你把这种赤裸裸的事实拿出来讲，尤其对于八九岁的孩子，他们的自我意识已经比较强了，你说他手黑，他会觉得这是对他的一种羞辱，一种不喜欢和不接纳，于是，他就生气了。

生气之后产生对抗，他宁愿不吃西瓜，也不会去洗手。

如果这位家长说："你们肯定都迫不及待地想吃西瓜了！快去把手洗干净吧。"孩子会感觉到自己急切的心情被看到、被理解了，洗手也就变得顺理成章了，不会产生任何对抗心理。孩子愿意去洗手，是因为想要吃西瓜，而不是因为"手黑"。

所以，如果父母用温和的态度制止孩子不恰当的行为，孩子会更愿意配合。孩子并不是不愿意接受家长对他们行为的要求和约束，只是不能接受粗暴的态度。当家长粗暴地制止孩子时，父母粗暴的态度给孩子传递的信息是不接纳，是对孩子个人的否定，这会伤害孩子的自尊。首先让孩子情感上受挫，再加上对孩子行为的制止，会让孩子产生双重压力。对于敏感且年龄小的孩子来说，会更容易产生负面情绪，感受到心理的伤害，从而对家长的制止和拒绝更加难以接受。下面，我们总结了父母粗暴的态度可能给孩子带来的心理和行为上的伤害。

◆ 引起孩子本能的逆反和防御。

◆ 使孩子不能冷静思考。

◆ 伤害孩子的自尊。

◆ 给孩子传递否定信息，让孩子不自信。

◆ 引起孩子的恐惧和害怕。

◆ 让孩子内心混乱，不能冷静思考自己的行为问题。

很多家庭教育类的文章经常提倡"温柔地坚持"，这很有道理，这会减轻孩子因为自己的行为被制止所带来的心理压力。

实际上，拒绝是一种权利。不能坦然接受别人拒绝的人，往往是因为小时候家人拒绝时不够温和的态度导致的。

有这样一则故事：一个四五岁的小女孩非常喜欢在小区管理处工作的一位阿姨，有一天当她在小区里看到这位阿姨的时候，她马上跑过来，歪着脑袋甜甜地问："阿姨，你能和我玩一会儿吗？"这位阿姨看着孩子期待的眼神，非常愧疚地说："对不起，阿姨还有工作要做，不能陪你玩。"小女孩又一次歪着脑袋，甜甜地说："你确定，你真的不能和我玩吗？"这时，阿姨的心里非常难过，她说："我现在真的不能陪你玩。等我忙完了工作再去找你，好吗？"小女孩听了，声音清脆地说："好的。"说完，一蹦一跳地走了。她走了之后，这个阿姨的心里难过了很长时间，仅仅因为她拒绝了这个小孩子殷切的期待。但是，让她吃惊的是，她拒绝了小女孩之后，这个小女孩却没有一点难过的感觉，蹦蹦跳跳地走了。而自己呢，却因为拒绝了小女孩而纠结难过了很长时间。

"拒绝"总是带给她不好的情绪体验，因为从小到大，父母拒绝她时，总是伴随着生气、愤怒和态度粗暴的指责与不满，这使她在内心深处认为拒绝是不好的，被别人拒绝意味着自己不好，拒绝别人也会让别人感觉不舒服，甚至难过。所以，她不能坦然地拒绝别人，也不能接受别人的拒绝。有时，因为害怕被别人拒绝，她不敢向别人发出邀请和请求，因为怕拒绝别人时让对方难过。她也会委屈自己、违心地迎合别人，做自己不想做的事。甚至当一个销售员来到她面前百般推销，但她并不需要这种商品时，她也会因为拒绝了那个热心的销售员而伤心难过。

生活中，我们经常见到小孩子去邀请别人和自己玩遭到拒绝而大哭，也有很多孩子因为怕被别人拒绝而不敢主动向别人发出一起玩的邀请。

多年来我发现，很多家长习惯的做法是生气地拒绝和制止孩子。比如：

"你怎么能在马路上跑，你不知道这样很危险吗？"

"怎么还不关掉电视，你都看了多长时间了？"

"你怎么能这么没有礼貌地和阿姨说话！"

"你怎么能打人呢？你这是跟谁学的？"

"你怎么能说脏话呢？你不知道那些话很难听吗？"

……

这些表达无疑带有对对方的指责和不满。我了解过很多人，他们对拒绝都有一些相似的情感体验。

一个学生跟我说，有个周末，当一个同学跑过来问她："咱们一起去逛街，好吗？"她当时正准备看一本自己很喜欢的书，可是看着同学那期待的眼神，她不忍心拒绝，习惯性地说了一句："好吧。"于是，她陪着同学在外面闲逛了一个下午，什么也没有买。直到晚上回来时，她还在后悔答应陪同学出去逛街，白白浪费了一下午的时间，到晚上睡觉时还在耿耿于怀，自己也不开心。

其实，拒绝是一种权利。别人拒绝了自己，不是因为别人不喜欢自己，也不是自己不好，而是别人确实不方便答应自己的邀请或请求，我们应该理解并欣然接受，毕竟我们也不想给别人添麻烦。同样，自己确实不方便或者不愿意做某事时拒绝别人也是正常的，我们不能时刻委屈自己，除非别人处于危难之中，确实需要帮助。像逛街这种事，这个学生可以找一个正好想逛街的同学陪那个人一起去，两全其美，各得其所，没有必要放弃自己的事情去陪她，只为了迎合对方，让其高兴，而不顾忌自己内心真实的需求和感受，这是一种非常缺乏自主意识的行为。一个自主的人，有权利做出自己的选择。

知道了这个道理，在我们处理人际关系时，会减少很多内心的纠结，增加更多的坦然。我们会坦然地拒绝别人，这并不是对人不友好，而是自己真的不方便。同时，坦然地接受别人的拒绝，也并不是自己不好，而是对方真的不方便。

所以，家长在拒绝和制止孩子时，如果能采取温柔接纳的态度，让孩子明白家长拒绝和制止自己的行为，并不是自己不好，孩子的情感体验会比较好，在人际关系的处理上，也会减少很多纠结。

坚定的态度、简单明确的语言

坚定的态度是指家长在制止孩子不恰当的行为时，用不容置疑、坚决肯定的态度，这会让孩子感觉在家长制止的事情上没有回旋和讨价还价的余地，孩子会更快接受家长的要求。

一般来说，需要制止的行为都是危险和违背道德底线的行为，家长必须明确制止，在任何条件下都不能允许孩子去做，也不要给孩子找理由。而且，在这一点上，家长们的观念必须一致。

　　有的家长教育时一向态度温和，凡事都与孩子商量，因此，让他板起脸来与孩子说话有些困难。实际上，家长教育孩子需要多种态度和多种面孔，大多数时候可以商量，但该坚定的时候必须坚定态度，不要担心孩子会因此受到伤害。家长平时的温和已经给孩子建立起一种充足的安全感，在家长突然变得坚定时孩子也会懂得，情况确实不同，从而愿意配合。

　　简单明确的语言是坚定态度的延伸。父母的态度坚定，说出来的话也会简单而明确，不会拖泥带水，也不会掺杂太多的犹疑。

　　比如：

　　"骂人是不对的，这是很不文明的行为。"

　　"不管什么情况都不能打人，打人是不对的。"

　　"因为你大声吵闹影响了别人，所以我们必须马上离开，不能在这儿玩了。"

　　"不经过别人允许就拿别人的东西，是绝对不允许的。"

一贯温和的家长，在说出这样坚定的话时会感觉力量太强，有时会习惯性地加上"好吗""可以吗""听懂了吗"，这样的问话大大削弱了家长话语的力量，也给了孩子拒绝家长的机会，如果孩子说"不好""不可以""听不懂"，家长的话就完全失效了。所以，在该坚定的时候，不要拖泥带水地加上类似的语气词，让你的话语干净利落充满穿透力，孩子一看没有商量的余地，也就只好痛痛快快地去执行。

教给孩子正确的做法

一位3岁孩子的妈妈跟我说，她孩子最近总喜欢用袖子擦掉在桌子上的饭菜。爸爸说再擦就收走他的蛋糕，孩子就哭起来。她告诉孩子跟爸爸说"我错了"就给他蛋糕，可孩子就不说，一味哭闹。没办法，她只好把蛋糕给孩子。咨询我如果下次再这样，该如何处理。

我是这样回复这位妈妈的：

在这件事中，父母的处理方式是有问题的。

你们不想让孩子用袖子擦，就要告诉孩子应该怎么做。比如，把抽纸放在桌子上，告诉他，如果掉了饭，可以用抽纸去擦。其实孩子用袖子擦，已经形成了习惯性的动作和模式，应该用新的行为模式去替代。父母没有给孩子建立新的行为方式，只是一味地制止，孩子当然做不好。就算孩子主观上想改变行为模式，也很可能是已经做完之后才意识到，这就是下意识行为了。孩子当然做不到。

所以，父母要先肯定孩子自己撒掉的饭能够自己想办法弄干净的行为习惯，再告诉他，擦在衣袖上会把衣服弄脏，以后再撒了饭，用抽纸擦。再让孩子练习几遍，或者当你看到孩子撒了饭又习惯性地准备用袖子擦的时候，马上提醒他用抽纸，他就会很高兴地改变了。

如果觉得用抽纸太浪费，也可以在桌子上放一个可以随手放垃圾的小盒（吃完月饼的小塑料盒、食品盒或者其他纸折的垃圾盒），引导孩子把饭渣用手捡起来扔到垃圾盒或者垃圾筒里，再用纸巾擦手。

我们要帮助孩子改变不良的行为习惯，重点是教会他应该怎样做，而不是硬性地要求孩子。

这就像要改变水流的方向，需要手动修改沟渠，水流自然就改了。如果放任不管，水流只会按照老路走。

重点回顾

♥ 回应制止型行为时，家长态度要温柔。生气而不友好的态度会给孩子不好的情感体验，它传递给孩子的信息是父母不接纳他，这会激起孩子的负面情绪和对抗心理。

♥ 家长的态度要坚定，语言要简单明确，这会让孩子感觉在家长制止的事情上没有回旋和讨价还价的余地，使孩子更快地接受家长的要求。

♥ 在制止孩子行为的同时，要教给孩子正确的做法，帮孩子建立新的行为习惯。

感悟思考

♥ 留意自己被拒绝时的心理感受：我能坦然接受别人的拒绝吗？

♥ 留意自己拒绝别人时的感受：我能坦然拒绝别人吗？

Part 6

第六章

回应"已经发生"的行为

有时宽容引起的道德震动比惩罚更强烈。

——苏霍姆林斯基

　　面对孩子的一些破坏性行为，父母不要忙着指责，多一份理解与宽容，就是给孩子一个向善的动力。

"已经发生"行为的类型划分

孩子在探索的时候，由于没有足够的生活经验，可能会把一些东西弄坏。比如孩子某段时间会对厨房特别感兴趣，因为他感觉妈妈整天在厨房里忙来忙去一定很有趣，他也会跑到厨房看一看，可能还想把橱柜里的盘碗也搬出来，结果就可能不小心把碗摔碎，像这样的行为，我们称为"因为探索造成的浪费"。虽然这样的浪费并不是我们想要的，但因为促进了孩子的成长，就当交学费了。

父母在面对这类事情时，往往像案例中的妈妈，第一反应是看到破坏性结果忍不住地责骂孩子。

仔细想想，何必呢？虽然这样的浪费并不是我们想要的，但它促进了孩子的成长，而且孩子也不是故意的。父母不能仅仅根据行为的结果对孩子进行回应，这会损害孩子的好奇心，阻碍孩子的成长，也伤了孩子的心。

　　如果不能仅仅根据行为结果对孩子的行为进行回应，又该依据什么呢？我们先将孩子已经做出的各种行为进行分类，再分别来讲如何回应。

<h1 style="color:orange; text-align:center">行为类型划分依据</h1>

　　孩子已经发生的行为可划分为三种类型，我们先来看一下象限图：

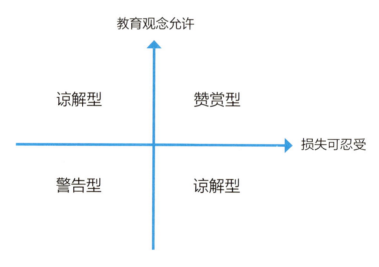

儿童"已经发生"行为的三种类型

　　同正在发生的类型类似，已经发生的行为象限图中，横轴是"损失可忍受"，指物质（现实）层面，也就是我们实际上可以接受的孩子行为的限度。竖轴是"教育观念允许"，指精神层面，也就是我们在观念上是否认可孩子行为的动机，认可孩子行为的合理性。由这两个轴进行组合，就产生了孩子的三种行为类型：赞赏型（教育观念认同并接受），谅解型（教育观念认同但损失不可忍受；教育观念不认同但损失可以忍受），警告型（教育观念不认同也不能忍受）。

三种类型

下面我们针对三种类型分别来解释。

赞赏型行为

同上一章的赞许型行为类似，赞赏型行为是指符合家长的教育观念，没有损失或即便有损失也可忍受的儿童行为，是家长期望孩子经常出现的一些良好行为。

这些行为是被家长允许的，大部分也是对孩子成长有利的，有可能造成一定的损失或者麻烦，但是可以忍受。比如，孩子主动完成作业、专注地玩积木、跟小伙伴一起玩、帮爸爸妈妈拖地……在这样的过程中，孩子的各项能力得到了锻炼与发展，对他自身的成长十分有好处，家长看到孩子做出这些行为也会十分欣喜，更是期待孩子能经常主动做出这些行为。这些行为虽然也可能造成麻烦，但这些麻烦和损失能忍受，可以忽略不计。

谅解型行为

谅解型行为分为两大类。

一类是教育观念认可但损失不可忍受。比如，孩子在帮爸爸妈妈拖地时把泥点甩到了墙上；跟小伙伴一起玩时把家里搞得乱七八糟；想要研究一下闹钟的构造把闹钟拆了……孩子因为身体能力或者经验不足，在尝试做事和探索的过程中难免造成损坏或浪费。这类行为乍看让家长难以接受，因为它们往往会造成一定的破坏，造成的损失家长无法接受。但细细分析就会发现，孩子的初衷是好的，虽然造成了一些破坏性的结果，但需要得到父母的谅解。

另一类是教育观念不认可但损失可以忍受。比如，孩子会因为良好习惯的不牢固而犯错误，但这些错误可以忍受。

　　晚上，到了快睡觉的时间，一位妈妈看到客厅的地板上东一片、西一片地撒了一些巧克力包装纸。显然，孩子刚刚吃了巧克力，但没有收拾垃圾。妈妈跑到孩子房间一看，爸爸正在给她讲故事。看到这个情景，妈妈没有去打扰。一直到爸爸读完故事后，妈妈才过去抱着孩子，跟她说："你在睡觉之前还有一件事要做。"然后，妈妈把孩子抱到客厅并跟她说："我看到你吃的巧克力包装纸还在地上。"这时，孩子跟妈妈讲："我刚才想扔的，可咱家的垃圾筐里没有塑料袋了。"果然，旁边的垃圾筐里没有塑料袋了。

　　家长希望孩子有良好的习惯，但习惯在形成的过程中，孩子并不能像我们期望的那样，每次都做得那么好。孩子年龄小，习惯还没有稳定下来，犯了小错误需要被原谅，也需要得到父母的引导。

上面这个案例中，孩子确实是情有可原，因为没有垃圾袋了。面对孩子的行为，家长先不要生气，问清楚缘由才能真正理解孩子。如果这个妈妈上来就发脾气，指责孩子，就会误会孩子。

孩子的哪些行为应该被谅解呢？

（1）因动作不稳、能力不够导致的损坏物品的行为。比如，孩子喝牛奶时把牛奶洒了；吃饭时把饭粒掉到桌子上；喝水时把杯子打碎了。这些都是孩子出于自我价值感的需要进行的尝试，我们要谅解孩子的错误，不要责怪他们的"不小心"。

（2）因多动爱玩导致的损坏物品的行为。比如孩子把椅子当马骑，把椅子玩散架了。

（3）因模仿尝试导致的损坏物品及其他不良行为。比如孩子模仿大人说脏话，或者说一些不礼貌的话。

（4）因好奇探索导致的损坏物品的行为。比如孩子把鱼缸里的鱼抓出来玩，鱼死了。

（5）因一时情绪失控导致的过激行为。比如因为生气摔坏了东西。

（6）习惯形成不稳定而出现的不良行为。比如不向人问好，不整理自己的玩具，衣服乱丢。

警告型行为

警告型行为指不符合家长的教育观念，同时家长也不能忍受的行为。这种行为会造成比较大的危害，也不利于孩子自身的成长，家长要坚决制止。

孩子在成长过程中做错事是正常的，是成长的必然经历。而且，孩子的大部分错误都是可以谅解的，随着成长，许多错误就不会再犯了。但有些行为底线是必须要坚持的，家长一定要重视，否则会害了孩子。

孩子的哪些行为应该被警告呢？

1.攻击和破坏性行为

在班集体里，总会有少部分孩子因为各种原因出现直接性和防御性的攻击行为，他们表现为抢玩具、推人、打人、破坏别人的物品等。攻击性行为更多表现出一定的破坏性。比如，看见别人玩积木很开心，他走过去把积木搭成的房子推倒了；看见同伴画的画很漂亮，直接加上几笔去破坏；对着同伴吐口水、推人等，让人家不痛快。当孩子出现这些行为时，家长必须警告制止。

孩子的破坏行为不仅会造成物质上的浪费，还会影响孩子的人格发展，导致孩子在与人交往的过程中出现攻击性，损害孩子完整的自我意识，影响孩子的社会学习。所以正确对待孩子的破坏行为对父母来说很重要。

孩子出现破坏行为的原因主要有四类。

（1）生理原因：由于孩子大脑两半球的发展不是很协调，手指的精细动作差，导致破坏性行为。

（2）游戏：幼儿的道德评价体系尚未建立，所以对好坏的区分不是很明确，他们把破坏看作是游戏，从而获得乐趣。

（3）探究：幼儿在好奇心的驱动下，对事物进行探索时也可能出现破坏行为。

（4）故意：由于情绪的压抑或报复，为发泄不满，孩子出现破坏行为。

比如，许多孩子喜欢破坏别人的作品。究其原因，破坏能给他们带来一种快乐，这种快乐源于社会价值感的需求，他们希望在团体当中确认自己的地位，寻求存在感。他们将自己的快乐建立在别人的痛苦之上，由嫉妒心驱使，从后果造成对别人的伤害而获得满足。

2.有意说谎行为

不诚实、有意说谎的行为属于道德问题，父母必须制止。

　　4岁的轩轩非常喜欢小朋友的玩具，他趁人不注意，把玩具放到了自己兜里，妈妈在她兜里发现了玩具，一再问他，他始终不承认玩具是自己拿的。他说："我也不知道是谁放在我兜里的。"

　　6岁的明明没有完成家庭作业，老师收作业时，他说："我忘带作业本了。"

　　轩轩和明明的话都属于道德意义上的说谎。因为他们都是有意识地说谎，目的是掩盖自己的错误，欺骗别人。但是不要认为孩子犯了弥天大罪，应给孩子一个宽松的环境，给孩子一个改正错误的机会。

　　这并不是说，所有的说谎都需要被警告制止。来自美国的调查数据表明：全美国有三分之二的孩子在3岁前就学会了说谎话，到了7岁，98%的孩子都说过谎。这是怎么回事呢？

　　孩子会存在"想象和愿望"说谎，这两种说谎都是正常的，可以原谅。

　　4岁的倩倩吃早饭时煞有介事地对妈妈说："昨天，菲菲姐姐到家里来玩，我们玩得可高兴了。我最喜欢菲菲姐姐了，她家住在山洞里，那里可好玩了。"妈妈一听，她并不认识这个菲菲姐姐。

　　倩倩跟妈妈讲的事情虽然不可能发生，但它与我们所说的道德意义上的说谎截然不同，它是幼儿创造性的萌芽，是幼儿把想象和现实混淆的结果，这是父母应该珍惜和鼓励的。家长可以抓住这个时机，鼓励孩子大胆进行创造性思维，你不妨问问："你看到的菲菲姐姐长什么样呢？"

　　5岁的东东在幼儿园说："我奶奶给我买了一把漂亮的冲锋枪，会冒火的，哒哒哒……"可是老师向东东的妈妈问起这事才知道，东东的奶奶并没有给东东买冲锋枪，奶奶曾答应要买，但因为有事还没买成。

东东说的话也不是道德意义上的说谎，因为他不是为了掩盖错误，欺骗别人，只是在表达一个没能实现的美好愿望罢了。

还有一种说谎行为，是孩子出于心理上的自我保护而说谎。

3岁多的明明早上起床时，床上湿了一大片，妈妈问怎么回事，他狡辩道："我没有尿床，这是我睡觉时出的汗。"

明明所说的也不属于道德意义上的说谎，它只是幼儿为了摆脱尴尬而为自己找的一个小小的理由，是一种自我保护的反应。当然，对这种"谎言"不能任其发展，父母应该以一种温和幽默的态度对待孩子所做的错事，而不是让孩子因犯错误而产生心理压力。这样，在宽松的环境中，孩子才更有可能讲出真话。所以，出现这种情况，父母可以和孩子说："啊，你尿湿了床，没有关系，因为你还是小孩子呀！每个人小的时候都会不小心尿床的，再长大一点儿就好了。以后你晚上睡觉时，只要感觉想小便，告诉自己马上起来就行了。"

所以，父母要区分出孩子的说谎属于哪一种。

如果属于想像和把愿望当现实的说谎，成人不用制止，也不用着急，随着年龄的增长，孩子会慢慢减少这种说谎。

如果属于难为情、自我保护性的说谎，要减少孩子的压力，更要对孩子宽容。

如果属于真正道德意义上的说谎，家长要适时地警告制止，同时也要注意反思孩子为什么撒谎，是不是需求没有得到满足，或者家长给予了太多压力。

3."抢拿偷"行为

"抢拿偷"是非常不尊重人与人界限的行为，是需要被严格禁止的。我们每个人生活在这个世界上，都需要基本的安全感，我的物品需要像我的身体一样被尊重，不经我的允许，别人不可以随意取用。这条规则是对每一个人的保护。所以，我们需要遵守规则。

小孩子不清楚自我意识的界限，常常会随意乱动别人的物品。这些行为虽然可以理解，却不能任由孩子发展，需要及时警告制止，并跟孩子解释明白基本的规则是什么，这个过程中，不仅让孩子了解了规则，更增强了孩子的安全感，因为孩子明白：我不能随便动别人的东西，我的物品别人也不能随便动。

重点回顾

♥ 孩子已经发生的行为可以分为三种类型：赞赏型、谅解型和警告型。

赞赏型行为是指符合家长的教育观念，而且现实条件也允许的儿童行为，是家长期望孩子经常出现的良好行为。

谅解型行为分为两类。一类是教育观念认可但损失不可忍受。比如，孩子因为身体能力或者知识经验不足，在尝试做事和探索的过程中产生损坏或浪费东西的行为。另一类是教育观念不认可但损失可以忍受。比如，孩子会因为良好习惯的不牢固而犯错误，但这些错误可以忍受。

警告型行为是指不符合家长的教育观念，同时家长也不能忍受的行为。这种行为会造成比较大的危害，也不利于孩子自身的成长，所以要坚决制止。比如：

1. 攻击和破坏性行为

2. 有意说谎行为

3. 抢拿偷行为

感悟思考

♥ 父母看到破坏性结果就忍不住训斥孩子，其实是因为无法消化孩子造成的损失而怪罪孩子。这样的训斥无法让孩子改正，纯粹是父母在发泄情绪。下一次，当自己忍不住要训斥孩子时，先抱抱孩子。

回应赞赏型行为

案 例

　　笑笑是个一年级的女孩。当她第一次考了双百分的时候，爸爸妈妈都很高兴。"我们的笑笑就是聪明，太棒了！你想要个什么礼物？爸爸妈妈给你买！"笑笑也很骄傲，她要了一个自己心仪已久的兔子玩偶。后来，每次考"双百"，爸爸妈妈都会满足她一个愿望。可是，有一次，她想要一个手机，爸爸妈妈说这么小的孩子拿手机干什么，就没给她买。笑笑生气了。她说："哼，你们不给我买，下次我就不给你们考好！"接下来的一段时间，她果真不再努力。爸爸妈妈很纳闷，什么时候考试成了给我们考的？

　　案例中笑笑的表现是典型的错误奖赏所带来的"副作用"，这让孩子仅仅盯着奖励，而忘了自己学习的真正目的。

　　赞赏型行为因为符合父母的教育观念，孩子在做出赞赏型行为时，父母往往十分高兴，本能地会给予一定的"奖赏"，或是语言的称赞与表扬，比如"宝贝太棒了"；或是物质的奖励，比如吃一顿大餐，买一件礼物，希望以此来激励孩子做出更多类似的行为。可令父母十分困惑的是，父母的奖赏许多时候不仅没有增加了孩子的赞赏型行为，反而降低了孩子出现赞赏型行为的频次。这是怎么回事呢？

其实是父母的奖赏方式不对。

我们给予孩子奖赏，最终的目的是培养孩子的自尊，让孩子学会自我欣赏，自我悦纳，建立较高的自我价值感，最终让孩子充满自信，并且敢于挑战。如果不能达到这样的目的，就说明我们的奖赏走偏了。

不要把赞赏变成对孩子的伤害

尽量不要用物质奖励去激励孩子

物质奖励容易出现问题。如果父母刻意地给予孩子一些物质奖励，孩子做事的动机慢慢就会转移到为了获得物质奖励上。一旦孩子把赞赏型行为与物质奖励挂钩，如果得不到物质奖励，孩子就不愿继续赞赏型行为了，这会大大降低赞赏型行为的频次。相信许多父母听过这样一个小故事：

有一位老人在一个小乡村里修养，但附近有几个顽皮的孩子每天都向老人的房子扔石头。老人想了很多办法来阻止他们，但都不奏效。

经过思考，老人将孩子们召集到一起，对他们说："我现在慢慢喜欢你们向我的房子扔石头了，为此我愿意向你们付钱，每个人1块钱作为回报。"尽管这个承诺在孩子们看来很离奇，但他们非常高兴地接受了这个协议。

于是，孩子们每天都在约定的时间里向老人

的房子扔石头，老人也如约每天付给每个孩子1块钱。过了几天，老人又把孩子召集起来，对他们说："很抱歉，最近我经济出现了一些困难，我每天只能付给你们5毛钱了，怎么样？"孩子们当然不乐意，但还是接受了老人的条件。又过了几天，老人又对孩子们说："最近我的经济状况糟糕透了，我现在只能付给你们1毛钱了。"孩子们交换了一下眼神，其中一个孩子打破了沉默："想得太美了，谁会愿意只为了1毛钱干这种苦差事。"就这样，孩子们再也不来扔石头了。

这就是心理学上的过度理由效应。人们为了使行为的外部理由得到解释且维持认知的平衡，必须削减自己原有的内在理由。也就是说，物质奖励让孩子们丧失了对这件事的兴趣和热情，他们把做这件事的动机归结为物质奖励。刚开始时，孩子们扔石头完全是出于新奇、好玩、有趣。可是，从老人给他们第一笔钱开始，这些孩子扔石头再也不是兴趣所致，而是为了获得物质奖励。当物质奖励变得越来越少直至快消失时，扔石头的行为就失去了激励因素。

如果孩子为了奖品做一件事，就等于说这件事本身不值得做。因此，很多时候，奖励是多余的，而且是消极的，尽量不要用物质奖励去激励孩子的行为。孩子对一切事物的兴趣是自然而然产生的，奖赏会影响孩子兴趣的发展，破坏孩子内在的生命力。

别让表扬绑架了孩子

物质奖励不好，精神奖励是不是就安全无害呢？并不是。

让我们再次回到孩子行为背后的动机，即孩子行为的目的是为了满足自己的各种心理需求，包括安全感、新奇感、意志感、社会价值感和自我价值感。也就是说，孩子做出一个好的行为，本身就会得到一些心理满足，比如孩子好好学习，能满足新奇感，即求知的渴望；从学不会到学会的过程中，能体验到意志感和自我价值感的快乐；成绩好会获得同学的赞扬、老师的鼓励等，满足了社会价值感。父母的认可与表扬，也是在满足孩子的社会价值感需求。

但社会价值感存在的问题是它来自于别人，所以自己控制不了能得到还是得不到。如果一个孩子盼着被表扬，但是别人却没有表扬他，他会很失落。所以，社会价值感是不稳定、不可靠的，不能为自己所掌控。如果一个孩子走入社会希望得到所有人的表扬，这是不可能的，这个时候孩子就会崩溃。

如果追求社会价值感成为孩子做事的动力，那么孩子做事时内心会难以沉静，总是担心、焦虑和紧张，担心自己做不好，不被表扬，不能赢，从而专注力不集中。一旦他感觉不被重视，就会发脾气，心情烦躁。

学会赞赏

当孩子出现赞赏型行为时，父母如何给予赞赏会比较好呢？

赞赏孩子的努力

赞赏孩子的一个很重要的原则是，要表扬孩子的努力，而不是夸孩子聪明。

夸奖孩子努力用功，会给孩子一种可以自己掌控的感觉。孩子会认为，成功与否掌握在自己手中。反之，夸奖孩子聪明，等于告诉他们成功不在自己的掌握之中。这样，当他们面对失败时，往往束手无策。

表扬孩子的努力，就是看到孩子努力的过程。父母可以跟孩子复盘，他是怎样一步步从"不会"到"熟练"，并从中体验到意志感的快乐，在这个过程中又会得到一些成长，自我价值感也得到了满足。父母欣赏孩子的努力，孩子也感受到努力的快乐，这样的赞赏才是聚焦于孩子本身，能让孩子感受到真正的自信，建立真正的自我价值感。

也就是说，父母的赞赏不该以满足孩子的社会价值感需求为目的，而是需要通过父母的赞赏，让孩子感受到意志感和自我价值感的满足。这种快乐是内在的、稳定的，孩子不需要依赖于外部的评价获得满足。

表达感受而不是评价

用语言称赞孩子时，我们很容易站到权威的位置上去，把称赞变成评价。比如，你画的画很好/你讲的故事很棒/你刚才的分享行为很好……虽然这些听上去比"宝贝你是最棒的""宝贝你真聪明"要具体一点，但实际上，这样的称赞还是评价，父母是站在权威的位置上对孩子进行评头论足。这并不利于孩子发展自我的评价，他们会依赖父母对于自己的评价。当他们做出一个行为后，会战战兢兢地等待父母给予评价，"好或者不好"。但是，不论父母给出怎样的评价，等待的过程是十分不舒服的，就仿佛自己成为一块案板上的鱼肉，等待被处置。归根结底，这样的评价是一个权威评定者给出的，是不稳定不可控的，并不利于孩子发展真正的自我价值感。

父母在给出赞赏的反馈时，如果能将自己从权威的位置上降下来，给予孩子回应，那效果就会好很多。比如，可以把"你画的画很好/你讲的故事很棒/你刚才的分享行为很好"变成描述自己感受的语言，"我很喜欢你的画，画的构图很美/我很喜欢听你讲故事/你刚才给弟弟分享玩具，弟弟很开心"，这样的语言就不再是评价，而是个人的感受，仅代表个人，这样父母就成了一个平等的反馈者，有利于孩子自我独立，即使孩子受到不好的反馈，他也会慢慢知道"那仅仅是你的感受、观点，不代表对我的否定"，我的个人价值也不是别人能够评判的。这样孩子就不会因为别人的正面评价而沾沾自喜，也不会因为负面评价而失落、受挫，他们不会活在别人的眼光里，他们对自己有一个正确而清醒的认知，知道自己要什么，不会被别人所左右。

许多父母的赞赏很空洞。比如，说"孩子，你画得真好"，就不如说"孩子，你的画颜色搭配得很美，我很喜欢""你的画线条很流畅，感觉很舒服""我喜欢你画画时专注的样子"。这些真实、具体、即时的回馈会让孩子感觉自己的努力被看到了，孩子也相信父母是真心夸奖他们，从而展现出真正的自信。

发展孩子的自我价值感

有的父母喜欢对孩子说"你真是我的好孩子"。也许你没发现这话有什么问题。但是听到"作为你的妈妈，我很自豪"，是不是感觉不一样呢？前一句话的主体是父母，好像孩子的好从属于父母，有种"强将手下无弱兵"的感觉。而后面这句话的主体是孩子，父母的自豪开心是因为孩子本身。这样的话语会让孩子感觉自己很有价值，从而有利于孩子发展真正的自我价值感。

孩子喜欢寻求父母的评价。当孩子拿着一份不是很理想的成绩单来问你的意见时，你会怎样回应他呢？可能你会说："我看到这段时间你很努力，虽然成绩不是很理想，但是里面错的知识点不多，再把这些知识点学会就可以了。"这样的回应很好，但是如果想要更好，可以这样引导孩子："你自己觉得怎么样呢？我觉得谁的态度也不如我们自己怎样看待自己更重要。我告诉你我是怎么判断的，我看重成长而不是结果，我也不会因为一时的好坏而评判你。作为你的妈妈，前段时间看你很努力，我觉得很开心。"这样的回应，是在积极引导孩子进行自我评价。

我们一切的努力都是为了让孩子产生良好的自我判断，产生积极的自我价值感，让孩子更自信。因此，让孩子学会自我评价，自我鼓励，比父母给出一个评判更有意义。

重点回顾

💗 回应赞赏型行为时，注意不要把赞赏变成对孩子的伤害。我们给予孩子奖赏，最终的目的是培养孩子的自尊，让孩子学会自我欣赏，自我悦纳，建立较高的自我价值感，最终让孩子充满自信，并且敢于挑战。

　　1. 赞赏孩子的努力。父母欣赏孩子的努力，孩子也感受到努力的快乐，这样的赞赏才是聚焦于孩子本身，能让孩子感受到真正的自信，建立真正的自我价值感。

　　2. 表达感受而不是评价。父母不是权威的评价者，而是平等的反馈者，这有利于孩子发展自我。孩子不会因为别人的正面评价而沾沾自喜，也不会因为负面评价而失落、受挫，他们会对自己有一个正确而清醒的认知，知道自己要什么，不会被别人左右。

　　3. 发展孩子的自我价值感。让孩子感觉自己很有价值，从而有利于孩子发展真正的自我价值感，尝试让孩子学会自我评价，自我鼓励，比父母给出一个评判更有意义。

感悟思考

💗 观察自己，平常是如何赞赏孩子的？认真梳理一下，赞赏的"坑"你踩过哪几个？

回应谅解型行为

有个学员跟我分享了一个她与女儿的小故事：

有一次去吃火锅，女儿不小心把小料打翻在地，溅了我一身，我不禁大喊一声。女儿怯怯地看着满身小料的我，小声说了一句："妈妈，你打我一下吧！"她的表情与话语告诉我她已经知错了，我为什么还要再责备她？于是，我微笑着对她说："妈妈原谅你了，下次可要小心哟！"女儿嘴角又露出了笑容，感激地对我说"嗯，妈妈，我记住了。"于是又开心地玩了起来。

从那以后，我改变了面对女儿犯错的态度。因为我意识到，作为父母，我们需要对孩子多一份宽容与耐心，才能让孩子内心更强大。

在现实生活中，孩子犯了错，总免不了一顿批评。家长以为，批评能让孩子意识到自己的错误，不然不长记性。但实际上，许多家长都有这样的体会，说不听，骂没用！打一顿，管一阵！可好了伤疤忘了疼，过阵子还会再犯。于是，家长就以为惩罚的力度不够，继续加大惩罚。导致孩子内心产生更大的逆反心理，越来越难管教。

前苏联教育家苏霍姆林斯基说过："有时宽容引起的道德震动比惩罚更

强烈。"也就是说，宽容比惩罚来得更有效。作为父母，我们应当宽容孩子并谅解他们的过错。

谅解的意义

宽容并谅解孩子，不仅有助于孩子改正当时的错误，对孩子的成长也有着许多积极意义。

宽容让孩子正确面对自己的错误

人非圣贤，孰能无过？何况正在成长中的孩子。他们在跌跌撞撞地成长过程中，难免会犯各种各样的错误。比如，孩子练习洗碗，有时拿不住碗打碎了，这不是孩子在故意犯错，而是他们的动作不够协调所致，这正是成长的代价。家长如果因此不再让孩子练习洗碗，或者严肃地告诫他"下次一定要小心"，孩子可能就不再愿意进行这样的尝试。父母宽容与谅解的态度，实际上是允许孩子犯错误，告诉孩子失败了没关系，这会让孩子学会原谅自己，不再害怕犯错，从而大胆地进行各种尝试和探索，这样孩子才能愉快地成长。

父母应该保持宽容的心态，正确对待孩子成长过程中的缺点、错误，不要简单、粗暴，而要热心、细心、耐心地帮助孩子找到错误的原因和改正的方法，这有利于孩子改正错误，取得更大的进步。也只有这样的教育才能真正走进孩子的心灵，让孩子悦纳错误和失败，主动承担责任并积极改变。

在日常生活中，有许多孩子输不起。在与小伙伴的比赛中，他必须是第一名，不然就要大哭。也有许多孩子，抗挫能力极低，经常有孩子因为成绩不好就跳楼自杀、因为被父母批评了一顿就离家出走的新闻。这些孩子都无法面对生命中的不如意。为什么孩子会这样呢？根源还是在父母身上。试想一下，如果父母在孩子成绩考不好时说一句"没关系，继续努力"，孩子还会无法面对自己的成绩吗？父母对待孩子犯错的态度，就是孩子将来对待自己的态度。我想，没有哪位家长愿意孩子在犯了错之后，拼命折磨自己，甚至轻生吧？我们还是希望孩子能学会自我宽慰，自我调节，积极面对挫折与挑战，而不是因为一点儿挫折就自暴自弃。

宽容给孩子积极改变的力量

苏霍姆林斯基说："犯了错误在众人面前受过批评的孩子往往会变得孤独。特别不好的是，他要学好的愿望与热情淡漠了，他要做个正直的、道德高尚的人的愿望从此受到了压抑。"

为什么会这样呢？其实，孩子犯了错，本能地会产生一种内疚感。这种内疚感会促使他们积极地去寻求改变的方法，争取下次不再犯同样的错。可是，惩罚会抵消孩子的内疚感。孩子会觉得，我受到惩罚，已经为错误付出代价，因此内疚感就会消失，从而失去积极改变的力量。所以，父母试图通过惩罚增加孩子改变动力的做法其实是南辕北辙，不但增加不了，还把孩子原本具有的积极力量给抵消了。

而父母谅解的态度，可以保护孩子内心本来就有的改变力量。面对孩子的错误，父母引导孩子如何补救或改正？就是因势利导，因为内疚感的驱使，孩子会很乐意配合。

因此，孩子犯了错误，我们不能太过于偏激地对待，打骂解决不了问题。我们原谅孩子，相信孩子，鼓励孩子，孩子才能在我们的理解和期许中独立、茁壮地成长。

被宽容的孩子也能宽容别人

人与人之间少不了谅解，谅解是理解的一个方面，也是宽容的一种方式。人们都有被"冒犯""误解"的时候，如果对此耿耿于怀，心中就会有解不开的"疙瘩"。反之，如果能深入体察对方的内心世界，或许能达成谅解。如果能够做到这一点，就能够理解对方，减少很多不必要的矛盾。其实，**宽容别人就是放过自己**。如果因为别人的错误一直耿耿于怀，其实是拿别人的错误惩罚自己，伤害自己的情绪与身体，对别人反而没有什么太大的影响。

孩子的宽容心是一种非常珍贵的品格，它主要表现为对别人过错的原谅。这种感情对孩子个性的健康发展，尤其是情感的健康发展，以及对孩子良好人际关系的建立有着非常重要的意义。

曾有权威机构对中小学生进行过一次抽样问卷调查。其中，有一个问题是这样的："对于过去欺负过你或严重伤害过你的人，你会怎么办？"对于这个问题，只有29.9%的学生表示会原谅他，有近24%的学生表示很难原谅或绝不原谅，其余学生则表示原谅但不会忘记。

现在的孩子大多娇生惯养，很容易出现自我中心倾向，表现在人际关系中就是过多地考虑自己的感受而忽略对方的感受，心胸狭窄，时常计较。这种人生态度会限制孩子的发展，让孩子将来的路越走越窄。

古希腊一位哲人说过："学会宽容，世界会变得更为广阔；忘却计较，人生才能永远快乐。"只有度量大的人，才会有稳定的、积极的、健康的情绪，而只有这样的情绪才可以创造出一个真正快乐的人。

而被宽容对待的孩子，能内化这种态度，在别人出现错误时，体现宽容大度的品质。宽容，能使人性情随和，能使心灵有回旋的余地，能使人消除许多无谓的争执。

如何谅解

父母先处理自己的情绪——避免对孩子发泄情绪

许多父母其实懂得宽容的重要性，也很想对孩子宽容，冲孩子发完火后也经常后悔，可是，当事情来临时，还是忍不住对孩子发火。这是因为，父母无法接受孩子行为的后果，所以把情绪发泄到了孩子身上。

有一次，儿子主动要求帮我端菜，我很开心地答应了。于是，我把炒好的菜放到盘子里，叮嘱他要看着脚下慢慢走，就把盘子交给了他。没想到地上有水，儿子脚下一滑，摔倒了，菜撒了一地，盘子也打碎了。我知道要谅解孩子的行为，于是，我赶紧把孩子拉起来，看伤着没有，又把菜和碎盘渣子一起收拾干净。这样的接纳比较容易。

可又有一次，我带着儿子去做美容，他在旁边很无聊，我就把手机拿给他玩。可手机拿回来之后，屏幕的一角竟然碎了！我怒不可遏。这可是我刚买没多久的手机，花了我五千多块钱！我气得把儿子甩在身后，自己走了。儿子悻悻地跟在后面。

走着走着，我突然想到了那天摔菜盘的事。摔碎手机屏和打碎菜盘的性质是一样的，只是菜盘的价值比较小，手机的价值比较大罢了。我把手机交给孩子的那一刻，就应做好承担这种风险的准备。如果我承受不了这个损失，当初就不该把手机交给他。这是我自己的失误，怎么能怪罪到孩子头上呢？想到这里，我就不生气了。

这是我一个学员的分享，也是实践接纳的真实经历。她的觉察很真实，也非常棒。盘子的价值比较小，损失不大，家长的情绪也不大，接纳孩子就比较容易。但当新买的手机受损后，家长会十分心疼、愤怒、惋惜、伤心，各种复杂的情绪交织到一起，会让家长失去接纳孩子的耐心。所以，家长需要先处理好自己的情绪。就像案例中的妈妈，她看到了自己应该承担的责任，并愿意为自己的情绪负责，就不会对着孩子发泄情绪，要求孩子为此负责了。

很多时候，孩子都是无辜的，真正需要处理的是家长自己的情绪。当家长能很好地消化自己的情绪，也就能冷静地对待孩子，给予孩子恰当的回应了。

对损坏的东西要表示惋惜——让孩子懂得珍惜物品

谅解孩子并不代表一点儿都不在乎。物品是我们花钱买来的，是为我们服务的，如果受损，应该对其表达惋惜之情，这样孩子才能学会珍惜自己的物品，不会随意破坏和浪费。

家长也不要因为东西大小和价值大小选择是否谅解。当然，对于价值比较小的物品，父母往往比较容易原谅。对于价值比较大的物品，如果损坏了会让人十分心疼，这种心疼很容易转化成愤怒，表现出来就是对孩子的无法原谅。这是人之常情。但相比物品，更珍贵的还是我们的孩子。不管物品多么贵重，反正已经损坏，就不要再因此伤了孩子的心。

在大人的世界中，会有价值大小的判断，但对孩子来说，并不会因为物品价值的大小而产生不同的情感。即便是捡来的一个小石头，只要孩子喜欢，如果丢了，孩子也会十分伤心和惋惜。学会珍惜自己拥有的物品，不论价值大小，是父母需要向孩子学习的功课。

引导孩子自己解决问题——解决问题的态度和承担责任

谅解孩子并不代表不让孩子为错误承担责任。谅解意味着不责怪孩子的错误，不在情绪上引起孩子的对抗，但事情是需要处理的，孩子需要为自己的行为负责。比如，打碎了东西需要自己清理，乱扔的玩具需要收拾，弄坏的东西可以尝试修理。当然，一切都得在保证安全的情况下。

在引导孩子为自己的行为负责的过程中，不指责的态度很重要。家长可以尝试使用描述性语言进行表达。这并不是我们惯常使用的语言体系，需要进行学习。

比如，在看到地上有一滩水和一个碎了的杯子后，我们本能的反应是"谁打碎的"这种下意识地问，就带有一种指责和归责的意味，孩子出于害怕，就会下意识地逃避："不是我！"这并不是我们想要的结果。如果家长变换一下说话的方式，得到的结果会不一样。"我看到地上有一滩水和一个碎了

的杯子，谁愿意来处理一下？"那个打碎杯子的小孩看到自己没有被指责，内心一定十分感恩，内心的力量会促使他自告奋勇地站出来："我来！"没有评判，没有指责，孩子会十分乐意为自己的行为负责，不会害怕，也不会逃避。

寻找失误的原因——避免重复犯错

在事情处理之后，我们可以坐下来冷静地想一想，如何避免下次再犯同样的错误？家长要注意观察和反思，并注意在生活中给予孩子相应的练习与锻炼。如果有些损失是家长不能承担的，那就要提前预想，不能等到损失发生之后再责怪孩子。比如，家里有个很贵重的花瓶，如果担心孩子打碎了，父母就要将其放在高处，这是家长为自己的行为负责。如果你把这个花瓶放到桌子上，就要承担孩子可能将其打碎的风险。毕竟，父母是孩子的监护人，父母有责任为自己的行为负责。

重点回顾

♥ 宽容比惩罚更有效。作为父母，我们应当宽容并谅解孩子的过错。因为，宽容对孩子的成长有重要的积极意义：

1. 宽容让孩子正确面对自己的错误。

2. 宽容给孩子积极改变的力量。

3. 被宽容的孩子也能宽容别人。

♥ 但是，谅解孩子并不代表一点都不在乎。回应谅解型行为时，父母要做到：

1. 先处理自己的情绪——避免对孩子发泄情绪。

2. 对损坏的东西要表示惋惜——让孩子懂得珍惜物品。

3. 引导孩子自己解决问题——解决问题的态度和承担责任。

4. 寻找失误的原因——避免重复犯错。

感悟思考

♥ 惩罚更有效还是宽容更有效呢？不妨在生活中实验一次吧！

♥ 父母常常将自己无法消化的情绪发泄到孩子身上，对此，你有没有觉察呢？父母学会了为自己的情绪负责，孩子也会学会为自己的情绪负责。

回应警告型行为

案 例

有一天，奇奇的妈妈接到老师的电话，说奇奇今天又抢小朋友的玩具，让家长好好管管孩子。奇奇妈妈很生气。晚上，奇奇刚回家，妈妈就劈头盖脸地一顿数落："老师告诉我，你又和小朋友抢玩具了。你为什么要那样做？【指责】妈妈和你说过多少遍了，和小朋友在一起要友好，不能抢东西。想玩什么要和别人商量，你怎么总是记不住呢？妈妈相信你是个好孩子，可你怎么总是这样？现在老师很生气，小朋友都不想再和你做朋友了。【说教，否定，警告】明天你得和人家说对不起。【强迫】"

奇奇忍耐着听完妈妈说的话之后，非常懊恼地说："不和我玩拉倒，我还不和他玩呢！"

上面这位妈妈的话满含着指责、批评、不满和威胁、要求、强迫，全部是负面的信息，是对孩子的否定，这些语言之箭一支支射向孩子，孩子丝毫没有招架之功。所以孩子非常生气懊恼，也非常无奈，他知道说不过妈妈，就来个消极反抗，但内心里并不赞同妈妈，也不再力图解决妈妈说的问题。

妈妈只听了老师的一面之词，就说了这么多话，都没有问一问儿子的想法，没给孩子一句说话的机会，真是一个专断的妈妈啊！

而这样的教育也不会产生良好的效果，因为根本没有进入孩子的心里，只是大人一厢情愿地说教和发泄情绪。

孩子的许多破坏性行为都是可以被谅解的，真正属于警告型行为的很少。你可能会发现，我们讲警告型行为的篇幅却不少，因为让警告型行为不再发生，比其他几种行为的回应更复杂，要注意的问题更多。

错误的警告制止方式

对待警告型行为时，家长往往会犯许多错误。

语言或行为暴力

随着社会的进步，打骂孩子的现象减少了许多，但依旧存在。父母情急之下还是会采用此类方法，因为见效较快。打骂可以让孩子暂时屈从大人的权威，但危害无穷。以大欺小的行为会让孩子内心产生愤怒的情绪，长大后，有的孩子会因此惧怕权威，以致在家怕父母，上学怕老师，工作怕领导，还有的孩子会因此产生逆反心理，不听管教。

谎言恐吓

这种方法用得最多。

到了睡觉的时间，孩子不好好睡，有的大人就会吓唬孩子："怪兽来了！怪兽来了！"孩子会吓得赶紧躲到被窝里，或者缩到大人的臂弯里大气不敢出，一会儿就睡着了。

有时候，孩子在外面玩不肯回家，妈妈急了会说："你不走我走了，妈妈不要你了！"这时，孩子就会吓得赶紧跟上来。

有的孩子不听话，爸爸妈妈一生气，就会把孩子关到门外："不要你了！你爱去哪儿去哪儿！"

有次坐火车，一个4岁左右的小女孩在火车上跑来跑去。这时候走过来一个乘警。妈妈趁机说："老实点，要不警察叔叔就把你抓走了！"孩子立刻紧张地把头埋到妈妈怀里，吓得不敢乱动。

警察叔叔经常被拿来当父母的杀手锏，警察叔叔都不高兴了！有次他们在微博上发文说："请不要再拿我们警察叔叔吓唬孩子了，我们希望孩子遇到困难能来找我们求助，而不是看见我们就躲得远远的。"

为什么恐吓、吓唬会管用呢？这是因为恐吓、吓唬会让孩子的安全感受到威胁。安全感是孩子自然的生命需求，这种需求是吃饱穿暖之后的第一需求。如果安全感受到威胁，他们就会停止一切探索，先想办法满足安全感的需求。比如躲到大人的怀里，就是寻求安全感的表现。

评价人格

有的父母在制止孩子的同时，会给孩子扣一堆帽子，"不听话""不懂事""毛手毛脚""脾气坏""坏孩子""小偷"……这些帽子会让孩子感觉被否定，从而与对方产生心理上的对抗。

年轻时，我逗3岁的侄女说："宝宝，你是小坏蛋。"我刚说完，她马上冲我说："你是大坏蛋。"她反应的快速和敏捷令我吃惊。我马上说："你坏蛋。"她也马上说："你坏蛋。"几个回合之后，我一看总这样下去不行。我马上改换了方式，我温柔地对她说："宝宝，你真是个好孩子呀！"她听了，也马上换成更温柔的声音说："你真是好姑姑呀！"

大人和孩子之间的关系与大人之间的关系一样，永远都是：你敬我一尺，我敬你一丈。

我们在制止孩子时，可以明确地告诉孩子他的行为是不合适的，必须马上停止，但不能否定孩子这个人。当我们先用接纳的态度，对孩子表现友好时，孩子也会表现友好。只有尊重孩子，孩子才愿意听我们的话。

总盯着孩子的错误，看不见优点

很多家长的惯常做法是，当孩子做得好时不肯定，一旦孩子做得不好，就马上来批评。家长过多的批评给孩子传递的信息是否定和不接纳，会使孩子产生负面情绪，引起孩子的防御和逆反心理，使孩子更加不愿配合。肯定和欣赏向孩子传递的信息是接纳，满足了孩子社会价值感的需求，使孩子产生积极的情绪体验，内心感觉良好，使孩子更乐于配合别人，也更愿意改变自己。

我从小就是一个在母亲的肯定和欣赏中长大的孩子。到今天我都记得母亲在各种场合历数我的各种优点的场景：回家先写作业，不写完作业就不吃饭；学习上从来不用大人操心，自己管自己；大人给买新衣服也不要，懂得节俭；懂事、听话、能帮助父母干活。在我成人之后，我经常开玩笑地对母亲说，是她的肯定和表扬"绑架"了我，她越表扬我，我就会越像她说的那个样子去发展了，变得更自律，更重视学习，更懂得节俭，更懂事，更愿意在家里干活，更乐于配合父母。到今天，我也在更努力工作，更乐于配合别人，但过于节俭、不舍得花钱，也太能干活，甚至不会休息了。

人都有优点和缺点，孩子也一样。如果家长能够多肯定和表扬孩子的优点，他就会有美好的情感体验，有一个美好的自我形象。你越说他好，他就越努力维护自己美好的形象,产生自我约束的能量,产生积极向上、努力做好的动力。

在我的父母交流群里,有很多父母都会问怎么解决孩子的问题。有时我会说,孩子的问题不用解决,不需要你去提醒和批评,你只要找他的优点和做得好的地方去表扬他、肯定他、欣赏他,用表扬优点代替批评缺点,孩子就会优点越来越多,缺点越来越少。其实孩子都是非常敏感的,他们非常知道父母希望他们怎么做,只要父母通过肯定和欣赏做好接纳,激发孩子内心积极向上的力量,孩子就会努力成为一个更好的孩子。

前后标准不一致

在制止孩子的不当行为时,家长最大的问题就是前后标准不一致。心情好的时候,怎样都行;心情不好的时候,本来允许的行为也不允许了。比如,孩子在客厅玩是被允许的,可当爸爸心烦时就会说:"去,去,去,一边玩去。"在孩子大脑中,有一个权利范围的记忆,什么行为可行,什么行为不可行,都会有明确的记忆,而家长的前后标准不一致,就会打乱孩子的权利范围,让孩子感到无所适从,从而焦虑且变得情绪不稳定,乱发脾气。

规则的作用在于规定孩子的权利范围,让孩子清楚哪些行为可以做,哪些行为不可以做。有的家长知道有些行为是应该制止的,但架不住孩子哭闹,孩子一哭闹,家长就妥协,特别是祖辈家长,做不到坚持原则,从而使孩子产生许多不良行为,日积月累,形成习惯,难以矫正。

我常说:"不坚持原则的父母,是没有能量,没有影响力的父母。"家庭教育中如果能做到"有标准,有原则,有诚信",家庭教育就不会差。

家庭成员教育要求不一致

现实生活中,当孩子有了缺点、错误时,有人主张批评教育,有人却要包庇护短,家庭成员之间的教育经常出现不一致的情形。不少老人把对孩子的关心爱护变成了溺爱,祖父母一味娇惯、护短,对孩子的要求百依百顺,有求必应。这必然会造成父母与老人的意见不一致。家庭成员在认识和要求上的不一致，必然会导致他们将自己不同的情绪、态度和教育方法暴露在孩子面前，而年幼无知的孩子必然会喜欢祖护自己的一方，恼怒批评自己的一方。这不仅影响家庭和睦，更会造成孩子或无所适从，或两面派，甚至讨厌家长。因此，在对孩子进行教育时，家庭成员应做到互相配合、步调一致，即使意见有分歧也不能在孩子面前暴露，最好事后彼此交换意见，最终达成一致。总之，家庭教育要取得成功，家庭成员在教育孩子方面，采取正面的一致的态度非常重要。

我在多年的家庭教育培训和咨询工作中发现，很多时候父母给孩子制定了基本的生活规则，但孩子一哭一闹，老人就不再坚持，形成了孩子任性固执、脾气大、投机取巧、说谎等不良行为习惯。

最近，妈妈好几次发现冬冬故意撒谎。比如，他告诉妈妈他已经把碗里的饭吃完了，可是妈妈却在垃圾桶里发现了他倒掉的饭。他告诉妈妈他没有玩手机，可妈妈在厨房做饭时明明看到他在玩手机。而且，他还会信誓旦旦地说，"我发誓，我真的……"。妈妈开始仔细地反思，为什么只有5岁的孩子就学会了撒谎呢？她很快想到，这种语言更多地出现在她从奶奶家接孩子时。每当她问："今天看动画片了吗？""今天没有吃冰糕吧？""今天有没有淘气，不听奶奶的话？"孩子都会大声地说："没有，我发誓。"奶奶也会在旁边附和："没有，冬冬很乖，冬冬是好孩子。"想到这儿，妈妈忽然意识到她忽视了一个细节，冬冬每天都说他没有看动画片，但他却经常在模仿动画片里的语言和动作。于是，她叫来冬冬问："我看到你刚才在模仿动画片里的新动作，你在奶奶家看了动画片，是不是？"在妈妈的细心追问下，冬冬承认他在奶奶家确实看了动画片，而且奶奶告诉他："不要和妈妈说，说了妈妈会不高兴的。"听到这儿，妈妈吓出一身冷汗，奶奶好糊涂呀，这样下去，冬冬会成长为一个什么样的人呀！

当孩子已经被溺爱娇宠惯了之后，我们坚持原则会变得更难。所以，父母要提前预警，做好沟通，尽量与带孩子的人达成一致，以培养孩子良好的品行。

在明确了哪些制止方式是不合适的之后，针对具体情况，我们来看如何正确地制止。

如何警告制止攻击性和破坏性行为

如果幼儿园老师向你反馈，孩子在幼儿园打了别的小朋友，你回家会如何做呢？

有一位妈妈的做法非常值得学习。她在接到老师的举报电话后，没有着急上火，而是用平静的语气、描述性的语言向孩子陈述事实，不带任何评判性的话语，也不暗含批评与指责。之后，孩子便向她如实地解释了自己的行为。

家长可以透过孩子的解释，来判断孩子打人的行为是出于什么需求。是想获得老师的关注，是要争取自己的权利，还是出于自我保护，或者是因为自己也曾受过不公平的对待？

家长需要理解孩子的需求，并让孩子感受到被理解。但应当向孩子明确，无论如何，打人都是不对的。

那么，孩子该如何满足自己的需求呢？

让我们跟孩子一起想办法。

还是那句话，孩子的需求没有错，错的只是满足需求的方式，错的只是孩子的观念与行为。我们要想改变孩子的行为，就需要改变孩子的观念，想要改变孩子的观念，就要先接纳孩子的情绪与需求，让孩子感觉到你与他是站在一起的，他才愿意发自内心地想去改变。

如何警告制止有意说谎的行为

孩子为什么会有意说谎？原因有二，要么是想获得某种利益，要么是出于恐惧，害怕做错了事情被责罚。如果孩子知道父母会满足自己合理的需求，也知道犯错误不会受到责罚，他们也就可以坦陈自己的需求和错误，不需要用谎言达到自己的目的。

我们小时候都听过《狼来了》的故事。这个故事传递给孩子的是：撒谎很可怕，所以不能撒谎。但孩子根本没有学会把错误当成礼物，积极改正或者想办法避免，孩子的焦点只是集中在不能撒谎，否则后果很严重。让孩子恐惧的教育不是好教育。孩子会因为躲避恐惧而产生更多的恐惧，这在某种程度上是限制了孩子的自由。

我们应当传递给孩子的是：合理的需求就应该满足，做错了事情也不可怕，及时改正就好了。这会从根本上让孩子敢于表达自己的需求和想法，也会消除他对做错事的恐惧感。孩子感受到爱与温暖，自然也会很乐意诚实地表达自己，补救或者改正自己的错误行为。

所以，想要制止孩子有意说谎的行为，要先让孩子认识到，诚实是人最起码的品格，是一个优秀的孩子必须具备的。

制止孩子有意说谎的行为最不可取的方法是：有的家长以为孩子好 "哄"，一旦 "哄" 出实话，要么立即让孩子屁股啪啪 "开花"，要么摆出兴师问罪的架势，横眉怒斥。这样做的后果非常糟糕，对孩子的打击和伤害也非常大。从此以后，不仅家长的威信大打折扣，孩子诚实的德行也难以形成。反之，如果家长心平气和地对待孩子的错误，孩子一定会实话实说，一吐为快。

如果我们的孩子从小就明白诚实是做人最起码的品格，从小就体验到诚实的威力和必要，他们今后的人生才可能有序、繁荣和兴旺。

如何警告制止 "抢拿偷" 行为

如果孩子出现 "抢拿偷" 行为，说明孩子内心还没有建立起清晰的边界，需要家长强化物权意识，来帮孩子建立起清晰的 "人我边界"，遵守物权规则。

3岁的承承去朋友树苗家玩，他看到生日蛋糕上的小熊很可爱，就拿在手里玩。走的时候他也没有放下，直接拿回家了。妈妈发现后，并没有责备承承，而是问他："这个玩具小熊是不是树苗的？" 承承说："是的。" 妈妈说："树苗也很喜欢这个小熊，你拿走了，树苗找不到，该多着急啊！如果你的玩具丢了，是不是也很着急啊？我们一起给树苗送回去吧！" 承承点点头，跟着妈妈一起来到树苗家。他跟树苗说："对不起，我把你的玩具小熊拿回家了。"树苗看见小熊回来了很高兴，说："没关系，谢谢你把小熊还给我。"

　　孩子拿了别人的东西，这位妈妈没有给孩子扣上"偷"的帽子，让孩子感觉自己不好。她只是确认这个玩具是属于谁的。然后引导孩子理解别人，"如果自己的玩具丢了，是不是会很着急"？孩子实际上是非常有同理心的，他们很容易体会到对方的感受。

　　然后妈妈带着孩子把东西还回去，并且让孩子亲自承认错误。一般小孩之间是不会记仇的，看到东西回来了，小朋友会很高兴，小孩子也会从中感受到被谅解的快乐，慢慢也就建立起清晰的物权意识。

　　其实，清晰的物权意识是在家庭中养成的。家长不要以为一家人不分彼此，就允许孩子随便乱动别人的东西，这样就无法帮孩子建立物权意识。如果家庭成员之间互相尊重彼此的物权和界限，孩子也就学会了在社会中尊重别人的物权，懂得不是自己的东西不能随便拿。

4岁的彤彤对妈妈的化妆品产生了兴趣。趁妈妈不在家时，她偷偷拿了妈妈的腮红、口红、眉笔，悄悄画了起来。妈妈回来一看，笑得前仰后合，简直一个大花脸！但是，妈妈告诉彤彤，化妆品是妈妈的，她不能随便动，要经过妈妈的允许才可以。

这位妈妈做得非常好，她没有责备孩子的探索行为，但是强调了化妆品是自己的，让孩子尊重自己的物权。当然，家长也要尊重孩子的物权，不能随意处置孩子的物品。比如，家里来了客人，不经孩子的允许随便将孩子的玩具送人。再比如，随便扔掉孩子破旧的玩具。这都是非常不尊重孩子物权的表现。

尊重是相互的。在家庭中，孩子要尊重父母，父母也要尊重孩子。这样，父母与孩子之间就有了一道清晰的界限，孩子也会从这个界限中学会与人相处的方式。

重点回顾

♥ 制止孩子的行为时，家长往往会犯许多错误。打骂孩子会让孩子产生恐惧或逆反心理；恐吓会影响孩子的安全感；评价人格、乱扣帽子会让孩子感觉被否定；只盯着孩子的错误会让孩子反感；标准前后不一、教育方式不一致会让孩子错乱。这些错误家长要尽量避免。

♥ 针对具体的制止型行为，回应的方式也不一样：

1. 制止攻击性和破坏性行为：家长要看到孩子背后的需求，并引导孩子用适宜的方式满足，但要严格制止孩子的攻击性和破坏性行为。

2. 制止有意说谎的行为：孩子有意说谎，是出于恐惧，做错了事情害怕被责罚。如果孩子知道自己不会受到责罚，他们就可以坦陈自己的错误，不需要用谎言去隐瞒真相。要让孩子感受到诚实是有好处的，他们才会选择诚实。

3. 制止"抢拿偷"行为：如果孩子出现"抢拿偷"行为，说明孩子内心还没有建立起清晰的物权意识和界限。家长需要强化物权意识，来帮孩子建立起清晰的"人我边界"。清晰的物权意识是在家庭中养成的，孩子不能随便乱动家长的东西，家长也不能随意处置孩子的物品。

感悟思考

♥ 看到错误才是进步的开始。你在制止孩子的某些不良行为时，采用过哪些错误的方式呢？

行为类型的转化

> 我儿子2岁多时，有一天，他爬到桌子上去了。爬上去以后，我并没有管他，反而认真观察孩子想干什么，这是他第一次爬到桌子上去。他在桌子上坐了会儿，又站了站，站完之后他又想从桌子上爬下来，就倒着往下爬并且脚先着地下来了。
>
> 后来，他把自己的小椅子，费了很大的劲举起来，把它放到桌子上面，自己又费劲地爬到桌子上，把椅子放在桌子中间，自己又坐到椅子上。当他自己坐在椅子上时，我就观察孩子的表情，发现有一种特别的自信感和满足感，孩子觉得自己非常厉害，坐在那里耀武扬威地看着大人，仿佛在说："你看，我多厉害！"

整个过程，我没制止孩子，因为孩子需要这种不断爬上爬下的动作，发展他身体的协调能力；当他从高空往下看时，他在发展一种空间感；当他从桌子上爬下来，想到把小椅子搬到桌子上，这是一个有目的地做事过程，反映出他有目的、有计划地做事能力，是一种意志活动；整个过程他做得非常专注，专注力也得到了锻炼。

相信许多家长看了会摇头：怎么可以上桌子呢？桌子不是用来爬的，也不能纵容孩子的这种无礼行为。

前面我们学习了如何划分孩子的行为类型以及不同的回应方式。实际上，对于一个具体的行为，该划分到哪个类型并不是一成不变的，某种行为是否适宜要看孩子的年龄特点，也与家长的教育观念有关。这位家长的观念可能是，一个2岁的孩子爬桌子是身体能力发展的需求，而一个5岁的孩子再爬桌子就是没有规则了。所以，家长要不断更新教育观念，让自己的教育观念尽量符合孩子的身心成长规律和社会规范，这是非常有必要的。

家长的教育观念决定孩子行为类型的划分

我们再回到前面的象限图（见178页）。

象限图中，竖轴是"教育观念允许"，横轴是"损失可忍受"。

竖轴的教育观念允许，这个毫无疑问，是由家长的教育观念所决定的。

横轴中的"损失可忍受"，看似是客观的、固定的，可实际上，很大程度也是由家长的教育观念所决定的。比如，孩子做一件事情需要花费100块钱，100块钱每个家庭都能承受，可"舍不舍得花100块钱做这件事"则是由家长的教育观念决定的。再比如，孩子尿急，而附近没有厕所，如果家长认为大小便必须得去厕所，这就是条件不具备，孩子就不能尿；而如果家长认为孩子小，随便找个隐蔽的地方尿一下没问题，那这就是条件具备，孩子就可以尿。

所以，孩子行为类型的划分都是由家长的观念所决定的。家长有什么样的价值观，就会有什么样的教育观念，就会培养什么样的孩子，所以说"孩子是家长的复印件"。

比如，案例中爬桌子的行为，我把它归为赞许型。孩子想做，那就做吧，反正我在旁边看着，能保证孩子的安全。他们认为孩子通过这样的活动锻炼身体能力更重要，把桌子弄脏了没有关系。这段时间，他特别喜欢爬，那就让他爬，过段时间他爬够了，就会去探索别的了。

但在有些家庭里，父母可能就直接制止了。在这些父母的观念里，爬桌子会把桌子弄脏，他们无法忍受；或者他们认为爬桌子不符合规矩，是非常没有修养和无礼的行为。

还有的家长会把它放在替代型里，爬吃饭的桌子不行，可以爬妈妈的写字台；或者给你把椅子，爬椅子可以；或者，在桌子上铺一块桌布，防止把桌子弄脏。

同样一个行为，家长将其归到哪个类型，和家长的教育观念息息有关。家长是否理解孩子的内在需求，理解孩子的行为目的。理解这些活动对孩子的生命发展、能力提升、专注力培养等方面价值的认识，都会影响父母对行为的归类判断。

不能站在桌子上！下来！

家长教育观念的转变，改变了孩子行为类型的划分

家长教育观念的转变，会使孩子的行为类型划分标准发生变化。比如，原来孩子的行为属于制止型，当家长的教育观念发生变化，孩子的行为就可能变成限制型或替代型，孩子的行为并没有变，被划分的类型变化意味着家长的回应方式也会发生相应的变化。

有个小女孩从小在城市里长大，当她回到农村老家时，一开始很不习

惯。农村的孩子见到土堆，就仿佛见到了天堂。他们会在土堆上爬上爬下，在上面蹦跳，有时还会从土堆上俯冲下来。这个小女孩和她的妈妈在旁边看着，觉得这样做太野蛮了，土堆多脏啊，就这样爬上爬下多不卫生！而且，万一摔着怎么办？可是，这些农村长大的孩子，他们的父母根本不会管这些，只要不摔着，不碰着，痛快玩就是了。这些孩子常年在上面爬，自身协调能力也很强，一般也摔不着。后来，这个城市来的小女孩心也有点儿痒痒了：站在高高的土堆顶上，一定十分美妙吧？她也很想尝试。后来，她趁妈妈不注意，自己爬了上去，跟那些农村长大的孩子一块玩起来。后来，这个妈妈看到孩子玩得这么高兴，也就不忍心制止她了。

　　这个妈妈的教育观念，在这个过程中发生了转变。一开始，她把爬土堆、草垛的行为放在制止型里，于是，她告诫孩子不能爬，因为太脏、可能会摔倒。但后来，她慢慢地接受了，既然孩子这么快乐，内心这么需要，那就让她爬吧！不过，她还是无法接受孩子穿着新买的衣服爬脏脏的土堆。这位妈妈后来的处理办法是，当孩子想爬的时候，告诉她，回家换身好洗的衣服或者旧衣服再来爬。

　　这种转变对孩子的成长有着十分重要的意义。

　　有句话说得好："孩子能走多远，取决于父母能放手多少。"其实，孩子出生时能力的起点是差不多的，那为什么在长大之后却有这么大的差别呢？其中，父母在孩子的成长过程中扮演了十分重要的角色。在养育孩子长大的过程中，父母通过一点一滴的回应培养了孩子的能力，也在无形中决定了孩子的高度。

日常生活中，我们也经常看到，敢于放手的父母，孩子的独立性及各项能力的发展都很不错。而那些对孩子过度保护、过度包办、限制过多的父母，养育出的孩子往往缺乏自信，胆小紧张，不敢探索。

所以，家长应经常学习，时时反思，尽量保持自己教育观念的正确性和合理性。

家长如何保证教育观念的正确性和合理性

教育观念的正确性和合理性包括两个方面。

一方面，父母要理解孩子的成长需求，必须要理解哪些行为对孩子的成长有好处。如果不满足这些成长需求，孩子会很难过，或者失去锻炼能力的机会，孩子的成长就会受到阻碍。

另一方面，家长还要明白一个问题，就是怎样在遵守社会规则的前提下，满足孩子的合理需求。孩子未来是要走向社会的，必须能和谐地融入社会，有良好的同伴关系和社会关系。家长不能因为孩子小，就纵容他做一些违背社会规则的事。

如果家长在这两个方面都做得比较到位，养育出来的孩子就会充满生命的活力，有着自己独特的个性，同时又懂礼貌、守规矩，懂得合作及快乐地与人相处。

自由与规则并不相悖。如果父母尊重孩子的生命需求，又懂得尊重社会的规范与秩序，就能让孩子在尊重社会规则的前提下自由地发展自己的独特性。

尊重孩子的生命需求

经常听到有的母亲说，孩子不听话，泥巴这么脏，不让他玩，他偏不听。这就是家长不懂得尊重孩子的成长需求。

如果孩子持续地做一件事，那就说明这件事是出于孩子生命本来的需求。家长不应该压制孩子的这些需求，否则就是压制了孩子的生命力。正常的孩子是不停地在活动的，仿佛有使不完的劲，就算一直跑跑跳跳也不会觉得累。为什么随着长大，当孩子变成大孩子或者大人后会变懒、变宅、变得容易累呢？这是因为在成长的过程中，有一部分生命力悄悄地被压制了。我们也经常见到一些精神矍铄的老年人，虽然他们的身体在衰老，精神头儿却十足，继续贡献着他们丰富的创造力，这就说明他们的生命力一直在持续。我一直倡导，我们要培养眼睛里有光的孩子。眼睛是心灵的窗户，眼睛里的光正是生命力的充分展现。

还记得孩子成长的五大需求吗？安全感、新奇感、意志感、社会价值感和自我价值感。

爸爸给你从海边带来一袋沙，我们玩沙画吧！

好耶！

孩子的各种主动自发的行为背后都是这些基本需求在驱使，他们使孩子产生做事的兴趣。而我们家长要做的，就是看到孩子的这些基本需求，并在社会规则允许的情况下尽量满足。

比如，孩子喜欢玩泥

巴。泥巴脏了什么呢？脏了孩子的手？脏了孩子的衣服、鞋子？脏了再洗嘛，只要孩子不把泥巴吃到肚子里，想玩泥巴就让他玩吧！如果家长感觉泥巴不干净，就找干净的给他玩，或者也可以去海边带回来一些沙子给孩子玩。

在生活中，家长尽量不要制止孩子运动和探索的需求，可以多动脑筋想一些替代的方法，就会减少很多对抗，也能最大限度地保护孩子的生命力。

尊重社会的规范

在现有的教育理念下，有些家长对尊重社会的规范这一点比较模糊。许多父母觉得，小孩子在公共场合大哭大闹很正常啊，因为他小嘛，其实孩子影响别人是不可以的，公共场合的道德，孩子可能不懂，父母却要明白。比如，孩子在餐馆里吃饱后跑来跑去，跑来跑去本身没有问题，是孩子的年龄特点和成长需求，但孩子在餐馆跑，会影响服务员上菜，影响其他顾客就餐，也影响了公共场合的正常秩序，这就不合适了。

所以，正确合理的教育观念不仅包含对孩子的理解，还包含对社会秩序和社会规范的理解。

家长带领孩子尊重社会规范，是在给孩子做示范，也是在教孩子找到自由与规则的平衡，将来孩子独自面临这种冲突时，也懂得如何既尊重自己又尊重别人。

同时，在家庭中，要有一些基本的社会规范和人际交往原则。比如，人与人之间是平等的，人们要互相尊重；别人的东西不能随便乱动，要经过别人的允许；用完的东西要归位，不能随便乱放等。如果家庭中的亲子关系符合社会人际关系的原则，这个孩子走上社会之后碰到其他同伴和小朋友，就能够很好地去处理与他们之间的关系；如果家庭中的关系原则与社会上人际关系的原则不一样，孩子走上社会后就不知道怎样应对与别人之间的关系，他就会处处碰壁，从而无所适从。比如，有的孩子在家里会打父母，一旦父母不能满足自己的需求就要动手。父母因为疼爱孩子，不以为意。而孩子到了社会中，就会发现规则不一样了。如果他因为别人不能满足自己的需求就动手打人的话，他同样会遭到别人的反击，孩子会不知所措。凡是在家中没有一点规则的孩子，在外边都是没有安全感的。所以规则的建立对孩子的成长非常有必要，是孩子社会化、成为社会人，更顺利地参与集体生活和同伴交往必需的一个过程。

重点回顾

♥ 孩子行为类型的划分，是由家长的观念所决定的。家长有什么样的价值观，就会有什么样的教育观念，就会培养什么样的孩子，所以说，孩子是家长的复印件。

♥ 家长教育观念的转变，会使孩子的行为类型划分标准发生变化。这种转变对孩子的成长有着十分重要的意义。孩子能走多远，取决于父母能放手多少。

♥ 教育观念的正确性和合理性包括两个方面：

一方面，父母要理解孩子的成长需求，尽量不要制止孩子，多动脑筋想一些替代的方法，这会减少很多对抗，也能最大限度地保护孩子的生命力。

另一方面，家长要带领孩子尊重社会规范，教会孩子处理自由与规则的界限，懂得既尊重自己又尊重别人和整个世界。

♥ 如果家长在这两个方面都做得比较到位，那么养育出来的孩子就会充满生命的活力，有着自己独特的个性，同时又懂礼貌、守规矩，懂得合作以及快乐地与人相处。

感悟思考

♥ 生活中，哪些"制止型行为"可以转化成"替代型行为"或者"赞许型行为"呢？这样的尝试对孩子有重要的积极意义，值得父母努力。

Part 7

第七章

塑造新教育习惯

要教育好孩子，就要不断提高教育技巧。要提高教育技巧，那么就需要家长付出个人的努力，不断进修自己。

——苏霍姆林斯基

孩子是纯真的天使，他们就像镜子一样照出我们的灵魂。在养育孩子的过程中，每一次纠结、焦虑、冲突、痛苦，都意味着背后有一个待疗愈的伤痛。

看清旧教育习惯

这是一个学员的困惑：

女儿宁宁从小到大都是我照顾的，因为宁宁出生时身体不好，所以我都是很尽心地照顾，尽可能满足她的各种要求，尽管有时候我知道宁宁的要求是不合理的。可是宁宁的脾气越来越大，特别是哭起来没完没了，怎么哄也不行。她一闹脾气大哭大叫，姥姥姥爷就会说你怎么又惹孩子了，别总让孩子哭，我就在后面哄着。我读过很多育儿书籍，知道这样下去孩子就要被惯坏了，可是我也很无奈，我们就是看不得孩子哭，家里闹得姥爷都得了抑郁症了。

这位妈妈其实也了解一些育儿知识，但面对孩子哭闹，就无法理智地对待了。此时，止住孩子的哭声成了最重要的目标，别的都退居其次。为什么这位妈妈如此怕孩子哭闹呢？其实，这是安全感需求的一种表现。

你是不是有这样的体会：手机App的图标上出现了数字，就会忍不住打开看一看，即使没有什么有用的信息，只要那个数字消除了，就会感觉很舒服。这就是人类安全感需求的一种表现，我们把它叫作"消除"。

怕孩子哭闹也是这种"消除"的需求在作怪。孩子不哭了，"危机消除"，家长感觉需求被满足，心里也就放松了。因此，有的家长在孩子哭闹时，本能的反应就是呵斥孩子"不许哭"，或者想尽办法哄孩子，总之目的就是不让孩子哭。而这实际上阻碍了孩子宣泄情绪的渠道，家长并没有真正看见孩子的需求，从而阻碍了孩子的发展。

　　这位妈妈的反应正应了那句话：看了许多育儿书依旧养不好孩子。前面的章节，我们已经系统地讲解了整个回应的流程，相信家长也对回应的流程有了一个清晰的认知。可是，真正面对孩子的行为时，家长是不是真的能按照流程走呢？说实话，这很困难。因为家长在回应孩子时往往是本能的习惯，并不经过大脑思考。每个人都有一套固有的教育习惯，如果不改变这些旧的教育习惯，新的教育理念就不能有效施行。看清我们的旧教育习惯，是走向改变的第一步。

教育习惯：家庭教育的决定性力量

　　家庭教育的难点在于：家长经常会下意识地回应孩子。这些回应不受家长的意识所控制，孩子做出一个行为，家长下意识地就会产生一个反应，往往不经过大脑，自动地产生，这就是教育习惯。这些回应方式又在不知不觉中培养了孩子的观念。

　　下面是一位学员的案例。

　　有一次，我的侄子来家里玩，当时他6岁，我儿子3岁。他和我儿子都想玩一个小汽车，俩人互不相让，结果争了起来。侄子说："我是客人，得先让我玩，你得分享！"我儿子说："这个小汽车是我的，我说了算。"我站在一边观战，没有插手。结果，侄子急了，一把夺过玩具，还照着儿子的屁股来了几下，边打边说："让你不分享！"我问侄子："怎么可以打弟弟呢？"他理直气壮地说："谁让他不分享的！我不分享时爸爸就这样揍我的！"原来如此。

家庭教育习惯的传承有时很可怕。案例中的侄子从他爸爸对待他的方式中学会了"一定得分享，不然就要挨揍"，然后他打了弟弟。相信他以后有了孩子，他也会如此对待他的孩子。他爸爸又是从哪里学会的这种教育孩子的方式呢？估计也是从他父母对待他的方式中学会的吧。错误的教育习惯，如果不加反思和干预，就会一代代传递下去。我们会从自己被对待的方式中学会如何对待别人。

现在许多新手爸妈很乐意学习各种育儿知识。他们从育儿书籍、公众号的育儿文章中了解了很多育儿方面的知识，懂得要接纳孩子，要温柔地坚持，不能对孩子乱发脾气，不能把大人的坏情绪传递给孩子。可真正到生活中时，看过的书籍、文章统统抛诸脑后，该打打，该骂骂，该发脾气就发脾气。等事后冷静下来了，家长又开始后悔：我当时怎么就没控制住自己呢？不是说好要做个温柔的妈妈吗？

其实，当父母的情绪被孩子的某种行为触发后，就像被魔鬼控制了，不再理智。比如，当父母希望孩子能上台大方地展示自己的才艺时，孩子扭捏着不敢去，许多家长都会情绪崩溃，因为孩子没给自己长脸。再比如，有的父母看到孩子弄脏了衣服，气会不打一处来，朝着孩子一通乱吼。这一方面是因为孩子给自己增添了洗衣服的麻烦，另一方面，是因为自己小时候也曾因弄脏衣服而挨过打。这种被打的经验会储存在潜意识中，可能已经记不住了，但身体的记忆还在。

要想不被这种自动化的教育习惯绑架，真正有效的方式就是觉察、看见。先看清楚自己身上有哪些自动反应的教育习惯，以及背后的教育观念，才能有意识地改变自己。

旧教育习惯是如何形成的

当孩子出现一个行为，家长应如何回应呢？如果家长不通过看书、听课等途径进行学习，那他就会凭着本能去做。

本能又受哪些因素影响呢？

经多年研究，我发现本能主要包含两个因素：家长的基本需求和自己曾经被对待的经验（代际传递）。

家长的基本需求

在前面，讲述达成观念接纳的障碍时，我们提到过，家长的两种需求会影响父母接纳孩子：安全感需求和社会价值感需求。这两种需求，也是旧教育习惯形成和维持的强大力量。

安全感

面对一个幼小的生命，许多父母的安全感受到严峻的考验。现在的一些育儿文章为了吸引眼球，会起一些夸张的标题，比如"孩子溺水，妈妈却在一边看手机""有一种咳嗽能致命，别不当回事""看好你的孩子，身边到处都是'狼'""这样摇晃孩子，孩子脑震荡"……似乎我们的孩子脆弱地不堪一击，家长稍不注意就会导致孩子出现严重的问题。这样的安全感压力让家长十分抓狂，为了确保安全，许多家长可能宁愿牺牲孩子成长的机会。

现代社会，车水马龙，孩子爬上爬下容易摔着，待在家里最安全，许多家长索性让孩子天天在家看电视。即使去外面玩，家长也尽量把孩子圈在自己身边。尤其老人带孩子，怕麻烦，怕出危险，更会让孩子看电视或睡觉。这样的带养方式虽然轻松，但对孩子的长远发展十分不利。

安全感的需求还有许多，真真切切地影响着我们的生活，比如，"完美""焦虑""确定""掌控""担心""怕损失""怕麻烦""安静（怕吵）""怕危险""不喜欢变化""不喜欢挑战"等，都是安全感需求的表现。

社会价值感

许多父母把亲子关系摆在家庭的首位，特别是一些妈妈，孩子是她们生活的全部，是她们价值感的来源。孩子表现好，妈妈就感觉脸上有光，很有面子。孩子表现不好，妈妈就觉得"丢脸"，从而怒斥、责骂孩子，给孩子很大的压力。比如，有的妈妈给孩子报七八种兴趣班，周末带孩子各种奔波，孩子辛苦，妈妈也辛苦。她们是真正在满足孩子的兴趣吗？许多时候，都是妈妈的攀比心在作怪。看到别人的孩子学习，自家孩子也不能落下。孩子多才多艺，在亲朋好友面前给她挣足面子，她就觉得自己的付出是值得的。

这样的父母看似为孩子付出很多，实际上这样的付出是通过孩子来实现自己的价值感，是非常自私的行为。

当我见到这样的父母时，都会给她们提建议："你们要找到自己感兴趣的事。如果实在没事可做，帮我搜集家庭教育资料也行。"

许多人把价值感建立在孩子或者伴侣身上。建立在别人身上的价值感是靠不住的，人应该通过自我挑战和自我实现来获得真正属于自己的价值感。那些整天围着孩子转，把价值感建立在孩子身上的父母，应该抓紧走出来，找到自己真正喜欢的事情来做。只有这样，父母才能将教育升级到"以孩子为主体的教育"上，孩子才能真正实现自主和自由地发展。

旧的教育习惯往往关注孩子的行为结果。孩子表现好，比如考试成绩好，见人有礼貌，多才多艺等，满足了家长的安全感和社会价值感，家长就高兴；如果成绩不理想、没礼貌、没有什么拿得出手的特长，没有满足家长的基本需求，不能给家长挣足面子，家长就不高兴。也就是说，这种关注结果的教育并不是真正以孩子的发展为中心，而是以满足家长的自我需求为中心。

家长关注结果，孩子也会关注结果。对于结果，因为已经发生，没法改变，只有评判和评价。家长通过行为的结果，判断是否满足了自身的需求，从而做出回应。孩子再根据父母的回应，来判断自身的基本需求是否得到满足。父母和孩子都靠评价来满足自身的基本需求，而不去关注行为的过程。这样，孩子会形成依赖评价的生活方式，从而使用各种方式来寻求家长的关注。

评价是外在的，是别人对自己做出的评价，是不稳定的。当孩子依赖评价时，就会形成比较敏感的性格，关注做事的结果和意义，而不关注做事的过程。也就是说，事情本身是不值得做的，做事只是为了追求结果所带来的奖励。孩子就会失去做事的直接兴趣，减弱做事的动力，无法享受做事过程中的快乐。

许多父母将孩子看作自己的附属品，是自己的私有财产，认为自己怎样教育孩子是他们自己的事，与别人无关。这样的父母大错特错。孩子从出生那一天起，就不属于你，他只是借由你的身体来到这个世界而已。他是一个完全独立的人，不附属于任何人，只是因为他年龄小，无法自理和独立生活，父母才承担起养育的责任。但是孩子属于这个世界，属于这个时代，属于他自己。父母要有这种胸襟，才能培养出有时代感的孩子，孩子也才能发展属于自己的兴趣爱好，进而活出自我。

代际传递

有一种观点，认为女孩决定了一个国家的人口素质。因为女孩都会成长为妈妈，而妈妈在养育孩子的过程中扮演着非常重要的角色。她的教养、素质和观念，都会影响她的孩子，进而决定一个国家的未来。因为一个人的原生家庭及父母的教养方式，会在很大程度上决定他长大成为父母所营造的家庭环境及教养方式。也就是说，家庭氛围及教养方式是可以代际传递的。

这种传递有的是通过复制实现。比如，父母打孩子，孩子长大后继续打自己的孩子。有的是通过走向对立面，得以传递。比如，有的父母因为自己小的时候受到父母严厉的教育，自己当了父母后就决定不能这样对待孩子，于是对孩子百般溺爱，这可以说是对父母的反叛，但实际上并没有走出父母的阴影。

复制

许多父母在管教孩子时，会说："我的爸妈就是这样管教我的。"他们会用同样的方式对待自己的孩子，因为如果他们不加反思，对自己遇到的情境没有加以消化、看透，那么遇到同样的问题或情境时，他们就会从曾经被对待的经历当中寻找参照物。

许多校园霸凌的案件中，欺负人的孩子一般都有被欺负的经历，有的是被小伙伴欺负，有的是被父母家暴。可悲的是，霸凌案件中，许多被欺负的孩子，在某一天会变成欺负别人的孩子。**受害者有一天会变成加害者，这真是可怕的循环。**

各种案例表明，家庭暴力的"种子"几乎都会代代相传。有家庭暴力倾向的人，调查他的原生家庭时，会发现他一定遭遇过家庭暴力。

走向对立面

复制的模式之所以存在，是因为当事人没有反思自己的人生。可是，有的人反思过自己的人生，他们发誓，一定不要像自己的父母一样！于是，他们走向了自己父母的对立面。可问题是，**走向对立面是走入了另一个极端，依旧没有摆脱父母的影响。**

比如，遭遇过严厉对待的父母会十分溺爱自己的孩子。

我的一位朋友给我讲过，她虽然是独生女，但她小的时候，她妈妈对她特别严格，家里什么家务都让她做，八九岁就开始学着打扫卫生、做饭。所以她现在特别能吃苦，布置婚庆会场，有时候干到凌晨两三点，也能忍受。

她对我说，感觉自己小时候吃的苦太多了，现在她有自己的孩子了，她不想让孩子吃一点点苦。因此她对孩子可以说百依百顺。由于自己工作比较忙，她经常边工作边看孩子，她把手机丢给孩子，孩子能玩两三个小时。

因为自己曾经遭遇过严厉的对待，他们感受到那种滋味不好受，因此就立誓不再严厉，这会导致走向另一个极端：溺爱。其实，人生的哲学在于平衡和灵活。如果因为逃避一极，而让自己固着于另一极，这依旧是被原生家庭限制着，只是方式不一样罢了，实际上还是无法灵活地处理遇到的情境。

家长自己小时候在哪方面不够理想，或者吃过亏，就会竭力避免孩子也在这方面吃亏。比如家长不喜欢自己的职业，就会坚决反对孩子也从事和自己一样的职业。可是你不成功，孩子就一定不会成功吗？孩子与你是不一样的，他们有着属于自己的人生，可以做出属于自己的选择。

旧教育习惯之所以顽固，是因为它背后支持的力量强大，家长自身的需求和曾经被对待的经验形成了家长的教育习惯。随着孩子的出生，曾经的孩子成为父母，他们也就因循着曾经的经验以及自己的判断开始了教育的旅程。

这里面当然不乏好的传承，但是哲学家苏格拉底说："人应关心自己的灵魂，一个没有经过反思的人生是不值得度过的。"如果不反思自己的成长历程，我们就很难看见自己在给孩子传递什么样的价值观，很难"取其精华，去其糟粕"，给予孩子更好的教育。因此，要想成为好的父母，我建议，先从觉察自己旧的教育习惯开始。

质疑旧教育习惯

改变孩子，从父母的自我改变开始

当父母看到孩子身上出现这样那样的问题时，首先考虑的是如何矫正孩子的问题，使孩子成为自己心目中的"理想"小孩。

但事实上，这样的做法往往事倍功半，父母可能花费很多心血，还是无法让孩子发生很大的改变。这是因为，他们走错了路。

我们先来把思路梳理一下。

孩子为什么会出现行为问题呢？因为他们有着错误的观念。

孩子的错误观念又来自哪里呢？＝因为父母的回应方式不当，给予孩子行为错误的强化，从而形成了错误的观念。

孩子错误行为的根由

通过这个图，逻辑关系就理清楚了。孩子的错误行为，其实是父母错误的回应方式所致，如果想要孩子行为正确，就需要父母改变回应方式，做出正确的回应。

如果父母不改变自己的回应方式，仅仅针对孩子的错误行为要求孩子改正，效果极其有限，这和"不撤掉炉子下面的火，水会一直沸腾"是同样的道理。

所以，想让孩子改变，父母要先改变。父母要充分认识到自己的回应方式如何塑造了孩子现在的行为，然后出于爱子之心，做出调整和改变。

神奇的变化

每一期培训结束后，我都会让大家分享自己的学习和成长经历。其中，大家说得最多的一句话就是："父母的改变可以促使孩子改变。"

我们来听听他们的分享。

分享人：奇奇妈

奇奇妈妈是一位幼儿园老师，她非常希望儿子活泼开朗、对人有礼貌，可奇奇偏偏是个性格内向的孩子，出门见到别人不能有礼貌地打招呼，这总是让她感到非常难堪。

妈妈的焦虑会给孩子带来比较大的心理压力。心生恐惧的孩子无法挑战，也走不出叫"奶奶好"的第一步。而当妈妈接纳了孩子，不再要求孩子必须做到时，孩子心理比较放松，才有了突破自己的勇气。

分享人：阳阳妈

阳阳妈曾经因为儿子的分离焦虑而痛苦，现在，儿子的安全感充足了，能够接受暂时的分离。

早上我去阳台拿需要穿的衣服，在拉阳台门时把儿子惊醒了。我过去想拍拍他继续睡觉，他看了我一眼用手推我说："妈妈快上班。"我说："好！"他翻过身去，我给他盖了盖被子，他又翻过来看着我说："妈妈快上班！"我说："好！我去叫爸爸陪你！"我慢慢地关门看着他，心里充满了失落，突然又发现他看了看我，才闭上眼睛睡觉。儿子不再像以前一样哭闹着不让我上班，我想我给足了他安全感，他不再有分离焦虑，他知道妈妈下班后会再回来。现在有分离焦虑的人变成了我！儿子，你真的好棒！

分享人：点点妈

点点5岁多，上幼儿园大班，可这么大了上幼儿园还总是哭。点点妈经过学习，懂得接纳孩子的不开心，并允许孩子哭泣，孩子的情绪得到了理解和宣泄，和妈妈分开就没那么难过了。当然，孩子上幼儿园大班了还依旧哭闹，一定有特别的原因。在接纳孩子情绪的基础上，妈妈可以再深入挖掘一下，给予孩子有针对性的帮助。相信伴随着妈妈的接纳和理解，孩子会直接，说明在幼儿园遇到的困境。总体来说，点点妈妈的接纳已经做得相当不错，大家可以借鉴。

上面这些分享都是学员们真实的感受和体悟，真实地再现了父母的改变带给孩子的改变。可以说，效果真的非常神奇。学员们从中体悟到改变的力量，从而愿意在这条自我改变的道路上一直走下去，他们的孩子也因此受益良多。

重点回顾

♥ 家庭教育的难点在于：家长经常会无意识地回应孩子。在家庭教育中，起决定性作用的就是这些无意识的教育习惯。

♥ 旧教育习惯的形成主要包含两个因素：一个是家长的基本需求，如安全感和社会价值感的需求；另一个是自己曾经被对待的经验，也就是代际传递。这两个因素的力量都很强大，经常会战胜理智，主导家长的行为。

♥ 孩子的错误行为，其实是父母错误的回应方式导致的。想要孩子的行为正确，父母需要改变回应方式，做出正确的回应。

♥ 父母的改变可以促使孩子改变，这得到了许多人的亲身例证。

感悟思考

♥ 下一次，当自己准备对着孩子发火时，回到自己的内心，试着分析自己的什么需求没得到满足？或者自己曾经被如何对待过？

形成新教育习惯

案 例

下面是我一个学员的困惑：

我自己十分重视孩子的教育，也自学了不少育儿知识，感觉看书时十分清楚明白，想着好好跟孩子说。可回到家真正面对孩子时，有时孩子的行为实在太气人了，就像自己内心的某个地雷被踩到了，情绪一旦上来，就什么都顾不得了，一场爆发在所难免。学的那些育儿知识，根本用不上，那个时刻就想着大吼一顿，或者打他两巴掌才能解气。

我该怎么走出这种"学了很多却用不上"的困境呢？

这位学员的困惑很常见。我们每个人都有许多行为习惯，一旦遇到某种情境，人的第一反应就是受到潜意识支配，本能地采取习惯化的行为。案例中的妈妈一看到孩子的行为没有达到自己的要求，就习惯性地对孩子发脾气，尽管她清楚地知道对孩子发脾气是不对的，要尊重孩子，对孩子好好说话。

如果要改变对孩子乱发脾气的不良行为习惯，这位妈妈必须回到理性层面去处理问题，遵循理智的引导。在她准备发脾气之前，如果她意识到自己需要改变，就要开启新的回应流程，用更接纳孩子的、温和的方式与孩子交流。多次使用这种新的回应方式，良好的行为习惯就建立起来了。

这一节，我们将系统地讲解如何摆脱旧教育习惯的控制，找到回应点，植入新的回应流程。

减弱旧教育习惯的控制

如何才能削弱本能情绪的力量呢？经过多年的教育实践，我发现主要有两条途径：一条是分清什么是自己的需求，什么是孩子的需求；另外一条是与原生家庭和解。

分清自己的需求和孩子的需求

家长在家庭中占据主导地位，这会导致他们容易滥用自己的权力，来满足自己的需求。

前面我们讲过，在养育过程中家长最主要的需求有两个：安全感和社会价值感。但其实不止这些，有一个学员跟我分享过有关"新奇感需求"的感悟，很有意思：

我一直很关注家庭教育，儿子3岁左右，我就开始带着他体验各种课程。早教、全脑开发、乐高机器人、架子鼓、运动馆、语言表演、画画、拉丁舞、轮滑、围棋、篮球……孩子的表现并不如意，每次进课堂都吓得要命，躲在我身后不肯进去。有时候好不容易哄进去了，儿子却一脸的不开心，需要我跟着进课堂才行。有一次，我带孩子去上篮球课，里面的教练是个外国人，一只眼睛还受过伤，孩子很害怕，吓哭了。我哄着他，上完课给他买冰激凌，他咬牙坚持着进去了，出来后表示下次再也不去了。

在听老师讲完分清孩子的需求和家长的需求后，我突然意识到，这是我的需求，并不是孩子的需求。我喜欢带着孩子上各种体验课，看似是为了孩子，实际上是为了满足自己的好奇心，我想知道这些课是怎么上的。其实，对孩子来说，每一次上课都是面对一个新的环境，他还太小，对新环境的适应能力还没有那么强，仅适应环境就要浪费不少精力，根本吸收不了多少课上的内容。

后来，我放弃了这种做法。

分清哪些是自己的需求，哪些是孩子的需求，这真是一个很难的课题。

这位学员的反思很有趣，自己的新奇感满足得差不多了，才意识到这是自己的需求。这足见家长的需求是多么强烈，以至于阻挡了家长的视线。

新奇感的需求是很容易得到满足的，也比较容易发现。安全感和社会价值感的需求则更加强烈，往往会让家长对其全面认同，很难和孩子的需求区别开来。

在这里，我有一个很好的方法，就是关照自己的情绪。如果家长感觉到自己体内升起了某种情绪，就说明自己的某个需要被激发了，接纳这个情绪，倾听它，你一定会有所收获。

对于安全感的需求，家长如果意识到了，可以适当地放手。比如，孩子

爬攀登架，家长出于安全感的需求可能会马上制止，如果意识到这是自己的安全感需求被激发，家长可以允许孩子往高处爬，自己站在下面尽可能地守护。孩子出去玩的时候，也尽量允许孩子去探索，家长用视线追踪即可，不必时时守护在孩子身边。如果家长愿意放手尝试，就会发现，其实孩子具有自我保护的

本能。如果爬到一定的高处，他自己会感觉害怕，然后下来。在高处时，他也不会贸然往下跳，他会尝试、判断，确定在自己的能力范围内才会跳。家长总是跟在后面的孩子，孩子就会把保护自己的责任交给家长，他自己的自我保护意识反而不强了。

对于社会价值感需求，家长如果意识到了，就要尽可能地发展自己的能力，满足自己的社会价值感需求，而不是把希望寄托在孩子身上。你可以跟孩子表明自己的希望，但同时要跟孩子说明，这只是你的期望，孩子可以有自己的选择。你只是作为一个独立的人表达你的期望和想法，听不听那就是孩子的事了。

当我们能随时分清哪些是自己的需求，并通过一定的途径使自己获得满足之后，我们就可以做到全身心地关注孩子，不再把自己的需求强加到孩子头上。我们的教育，最终是把焦点从家长身上慢慢转移到"以孩子为中心"，关注孩子的发展需求，而不是让孩子成为满足家长需求的工具，这样孩子就不会讨好、压抑、委屈、愤怒，无谓地耗散自己的能量，他的生命能量会比较集中，全神贯注于自身的成长。

与原生家庭和解

豆瓣网上有个小组，名字叫作"父母皆祸害"。那里聚集的人会一起控诉父母的各种行为，从严厉的管束到各种手段的控制，从各种羞辱到各种打骂。许多人说，直到看到别人家的父母，才知道自己的父母是多么不合格。

现实生活中也是如此，许多人不愿提自己的父母。一提起来，各种控诉，各种不满，说着说着就会泪目。

原生家庭会给我们带来各种各样的伤痛，这不容回避。我们的父母凭借本能养育了我们，再加上他们当时的生活环境要比现在恶劣得多，许多教养观念都是错的，这会对我们的成长造成这样那样的束缚。"父母皆祸害"这个小组看到了这一点，并且勇于撕开伤痛的口子，承认现实，不停留在"伪孝"的层面自欺欺人。这也是一种社会进步。

但是仅止于此是不够的。如果停留在这个层面，我们就会沉溺于怪罪父母，把我们现实中的各种不如意都归咎于父母对我们的教养方式不当，这其实是不为自己的生命负责的表现。父母也许给我们留下了各种伤痛，但生命是有能量的，长大之后，我们看到这个伤痛，可以把砂砾变成珍珠，继续更好地生活。

与原生家庭和解，就是看到原生家庭带给我们的影响，之后用生命的力量消化掉这些伤痛，继续生活。这就像在一棵树上砸了一颗钉子，钉子拔出来之后会留下一个伤痕的洞，但不影响这棵树继续向上生长。

如果家长停留在鸵鸟阶段，认为原生家庭一切都好，那么他们就会复制原生家庭的模式；如果家长开始反思自己的成长，意识到"父母皆祸害"，那么他们就会走向反叛，进入另外一个极端。唯有看到伤痛，并且消化、超越这个伤痛，才能找到真正得自由，迎回自己的选择权。

当然，这样的和解可能不止一次，因为父母所带来的伤痛可能不止一两点。但是随着每一次的和解与谅解，情绪的能量就会一点点的降低，储存在体内的那些垃圾情绪就会慢慢得到清理，理智就会占据更大的空间。

与旧教育习惯共处

虽然我们会努力区分自己的需求和孩子的需求，花费精力去达成与父母的和解，但这是一个渐进的过程，不是一蹴而就的。

我有一些学生在接触了这些内容之后说："我要等着自己全部清理干净之后，再进入婚姻，再养育孩子。"愿望是好的，但很难实现。

我们身上有很多伤痛的点，不到被触发的那一刻，我们自己都不知道。只有在生活中，在某些情境中，它们被触发了，让我们能够觉察，才会意识到：哦，原来我身上存在这样的思维观念和惯性模式。

况且，人无完人，我们会有这样那样的需求，也会与孩子的需求产生一些冲突，这些都需要我们时刻保持清醒。所以，**成长是一场修炼，可能持续终生**。孔子曰："三十而立，四十而不惑，五十而知天命，六十而耳顺，七十而从心所欲，不逾矩。"我们这些普通人哪能一下子就参透了呢？

所以，与旧教育习惯共处也是一门功课。

电影《少年派的奇幻漂流》里，少年派跟一只老虎上了一条船。这条船飘摇在大海上，无所归依。一开始，派很害怕。老虎的每一只爪子都像刀一样锋利，它意味着威胁和死亡。为了和老虎保持安全的距离，少年派用船桨、救生衣和救生圈造了一只"迷你"小筏子，用绳子把自己系在救生艇上。一开始，他满脑子想的都是如何把老虎置于死地，后来他意识到，自己的生路只有一条，就是保证这只孟加拉虎的食物和饮水，只要它不饿，自己就没有危险。他只能用这种方式来驯养这只老虎。慢慢地，少年派与老虎共处一条船，各自安好。后来，船靠岸了，老虎深情地看了一眼男孩，静静地离开了。

　　这个电影充满了隐喻。导演李安在里面表达了自己的一种心境：每个人心中都卧着一只虎，这头卧虎是我们的欲望，也是我们的恐惧。有时候我们说不出它、搞不定它，但它让我们感受到威胁，它给我们带来不安，却也是因为它的存在，才让我们保持精神上的警觉，激发全部的生命力，并与之共存。

　　我看这部电影的时候，也有一种感受：我们每个人身上都会有各种各样的旧教育习惯。我们无法将他们完全消除，但我们可以与之共存。

　　如何共存呢？

　　我的经验是：不断保持警觉，情绪涌上来时，给理智留有空间。情绪升起时，闭上眼睛数十个数，让自己稍微平静一下，不被情绪牵着鼻子走。如果情绪太强烈，那就停止思考，之后找个独处的空间，梳理一下内心的波澜。

我在养育儿子的过程中，也免不了各种冲突。虽然有人称我为"专家"，但实际上，我也有情绪，有心理上过不去的坎。每当这个时候，我就会跟儿子说自己需要静思，然后躲到另外的房间，平复自己的情绪。平复好了之后，我再出来面对儿子。

没有人没有情绪，只是知道自己的情绪来了，可以尽量调整自己，不被情绪左右。

关注过程，重视回应

解决完本能的情绪问题之后，我们来看，恢复理智之后需要做的事情。

寻找"信号点"

我们最重要的一个改变应是：将关注点前移。

前面我们讲过，旧教育习惯是关注结果的教育，往往是孩子做出了一个行为之后，家长再来回应。而新教育习惯，要求我们将关注点前移，关注行为的过程。也就是说，我们要尽量在孩子的行为将要发生或正在发生时进行回应，而不是等着孩子的行为结果产生了之后再进行评判。只有这样，我们才能通过提早干预孩子的行为过程，对孩子的行为结果进行导向，从而产生良好的行为结果。

这种方法的关键，是要找到一个教育习惯的信号点。我们知道，旧教育习惯是有信号点的，当孩子的行为结果产生时，就出现了一个教育信号点，当这个信号点出现时，家长会自然启动能够满足家长自身基本需求的旧教育习惯，也就是去评价孩子的行为结果。

同样，我们要产生新的教育习惯，同样也需要一个信号点。根据研究，我们提出了两种信号点，一种定义为"回应点"，另一种定义为"要求点"。

回应

还记得我们在第一章提出的那个回应与要求的象限图吗（见009页）？

当一种教育行为出现的时候，家长首先要判断是孩子提要求，需要家长来回应；还是家长提要求，需要孩子来配合。这便是新教育习惯的信号点。

接下来，我们着重分析什么是"回应点"。

比如，孩子说："妈妈，我想吃冰糕。"这是孩子提要求，需要家长回应，这就产生了"回应点"。新教育习惯就是关注这个"回应点"，当"回应点"出现时，就是给家长启动新教育习惯的一个信号。

"回应点"有两种类型，一种是孩子的"语言要求"，用语言的方式向家长提要求；另一种是孩子的"行为要求"，孩子没说任何话，直接进行某种行为，家长对孩子的这种行为也要做出相应的回应。例如，孩子看到一片树叶，要拾起来玩；孩子看到垃圾箱里的东西，要拾起来玩；孩子看到健身的双杠，要自己爬上去玩；孩子想将纸撕碎，扔到地上等，这些都是"行为要求"。家长看见这些信号，心里要默念："回应点来了。"而对于孩子的行为结果，要减少关注，即使关注，也尽量不要去评价孩子。

为什么要关注"回应点"呢？因为这些点是启动新教育习惯的信号点。新教育习惯的形成不是一朝一夕的事情，家长通过用心关注，有意识地进行教育习惯的培养，最终可达成无意识教育习惯的目的。

回应流程图

找到信号点，也就是"回应点"之后，我们要启动回应的流程。

回应的流程，我们在第二章里提出过，这里，我们结合之前的分析再次梳理一下，方便家长操作：

发现"回应点"之后，我们要启动整个回应程序。

首先进行精神接纳：对孩子的行为进行解码，解码之后父母就能理解孩子行为背后的动机及内在需求。接纳建立在深刻地理解基础之上。

然后进行技术接纳。通过接纳，孩子的需求被看见，孩子就愿意配合我们了。

发现"回应点"，启动回应程序

对孩子的行为进行解码

理解孩子行为背后的动机和内在需求

通过技术接纳满足孩子的内在需求

对孩子的行为进行类型判断

正在发生：
赞许、替代、制止、限制

已经发生：
赞赏、谅解、警告

根据不同行为类型做出相应的回应

回应流程图

之后，我们要在头脑中对孩子的行为类型进行判断。如果是正在发生的行为，分为四类：赞许型、替代型、制止型和限制型。如果是已经发生的行为，分为三类：赞赏型、谅解型和警告型。

最后根据孩子的行为类型做出相应的行为层面的回应。

有了这样一个清晰的流程，家长就有了一个抓手。

一开始实践这个流程时，不熟悉很正常，就像我们一开始学车时总会挨教练的批评一样。随着实践次数的增加，我们会越来越熟悉，慢慢就变成了自动化反应，新教育习惯也就形成了。

重点回顾

♥ 旧教育习惯的力量之所以十分强大，是因为本能需求需要获得满足。通过分清自己和孩子的需求、与原生家庭和解，可以帮助家长清理情绪能量，给理智留有空间。

与原生家庭和解，就是看到原生家庭带给我们的影响，然后用生命的力量消化掉这些伤痛，继续生活。

通过关照自己的情绪，分清自己和孩子的需求。接纳自己的情绪，倾听它，一定会有所收获。

情绪能量可以减弱，但无法消除，我们需要学会与之共处。不断保持警觉。情绪升起时，可以闭上眼睛数十个数，让自己平静。如果情绪太强烈，那就停止思考，之后找个空间独处，梳理情绪。

♥ 旧教育习惯是关注结果的教育。而新教育习惯，要求我们将关注点前移，关注行为的过程。

♥ 找到回应点，启动回应流程，有意识地改变自己的教育习惯，教育就慢慢走向了正轨。

感悟思考

♥ 试着从日常生活中找出几个"回应点"，尤其是那些能引发自己情绪反应的回应点，尝试着按照回应的流程走一遍吧！

参考文献

［1］ 杨玉凤.儿童发育行为心理评定量表［M］.//北京：人民卫生出版社，2016.

［2］ 王普华，王明辉，王爱忠.幼儿成长揭秘：常见问题分析与家园共育策略［M］.北京：中国轻工业出版社，2019.

［3］ 海姆·G.吉诺特.孩子，把你的手给我［M］.张雪兰，译.北京：京华出版社，2010.

［4］ 鲁道夫·德雷克斯，薇姬·索尔兹.孩子：挑战［M］.甄颖，译.北京：生活书店出版有限公司，2015.

［5］ 玛利亚·蒙台梭利.童年的秘密［M］.金晶，孔伟，译.北京：中国发展出版社，2011.

［6］ 托马斯·戈登.父母效能训练手册：让你和孩子更贴心［M］.宋苗，译.天津：天津社会科学院出版社，2009.

［7］ 凯利·麦格尼格尔.自控力［M］.王岑卉，译.北京：印刷工业出版社，2012.

［8］ 戴维·迈尔斯.心理学［M］.黄希庭等，译.北京：人民邮电出版社，2013.

［9］ 王普华.帮孩子适应幼儿园［M］.北京：中国劳动社会保障出版社，2018.